总主编简介

吴德星，男，山东省无棣县人。毕业于山东海洋学院，青岛海洋大学物理海洋学博士，现任中国海洋大学校长、教授。

吴德星教授现为国家重点基础研究发展规划（973计划）项目首席科学家，第十一届全国人大代表；兼任教育部高等学校地球科学教育指导委员会副主任委员，国家自然科学基金委员会地球科学部第三、四届专家咨询委员会委员，中国海洋学会副理事长、中国海洋湖沼学会副理事长等多项社会职务。

吴德星教授长期从事物理海洋学研究，曾获省部级多项奖励。2004年起享受国务院政府特殊津贴，2008年由韩国总统李明博授予“大韩民国宝冠文化勋章”。

海洋科教

世　青　李旭奎◎主编

文稿编撰/任慧钦　任日慧

图片统筹/韩洪祥

中国海洋大学出版社

·青岛·

畅游海洋科普丛书

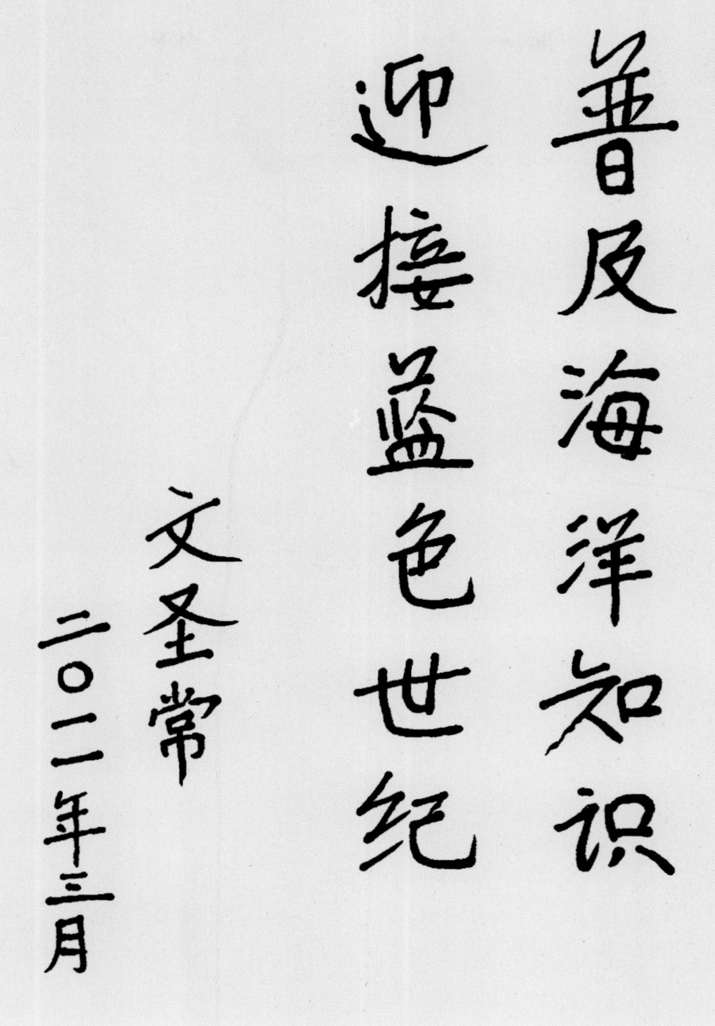

中国科学院资深院士、著名物理海洋学家文圣常先生题词

畅游蔚蓝海洋　共创美好未来

——出版者的话

海洋，生命的摇篮，人类生存与发展的希望；她，孕育着经济的繁荣，见证着社会的发展，承载着人类的文明。步入21世纪，“开发海洋、利用海洋、保护海洋”成为响遍全球的号角和声势浩大的行动，中国——一个有着悠久海洋开发和利用历史的濒海大国，正在致力于走进世界海洋强国之列。在“十二五”规划开局之年，在唱响蓝色经济的今天，为了引导读者，特别是广大青少年更好地认识和了解海洋、增强利用和保护海洋的意识，鼓励更多的海洋爱好者投身于海洋开发和科教事业，以海洋类图书为出版特色的中国海洋大学出版社，依托中国海洋大学的学科和人才优势，倾力打造并推出这套“畅游海洋科普丛书”。

中国海洋大学是我国“211工程”和“985工程”重点建设高校之一，不仅肩负着为祖国培养海洋科教人才的使命，也担负着海洋科学普及教育的重任。为了打造好“畅游海洋科普丛书”，知名海洋学家、中国海洋大学校长吴德星教授担任丛书总主编；著名海洋学家文圣常院士、管华诗院士、冯士筰院士和著名海洋管理专家王曙光教授欣然担任丛书顾问；丛书各册的主编均为相关学科的专家、学者。他们以强烈的社会责任感、严谨的科学精神、朴实又不失优美的文笔编撰了丛书。

作为海洋知识的科普读物，本套丛书具有如下两个极其鲜明的特点。

丰富宏阔的内容

丛书共10个分册，以海洋学科最新研究成果及翔实的资料为基础，从不同视角，多侧面、多层次、全方位介绍了海洋各领域的基础知识，向读者朋友们呈现了一幅宏阔的海洋画卷。《初识海洋》引你进入海洋，形成关于海洋的初步印象；《海洋生物》《探秘海底》让你尽情领略海洋资源的丰饶；《壮美极地》向你展示极地的雄姿；《海战风云》《航海探险》《船舶胜览》为你历数古今著名海上战事、航海探险人物、船舶与人类发展的关系；《奇异海岛》《魅力港城》向你尽显海岛的奇异与港城的魅力；《海洋科教》则向你呈现人类认识海洋、探索海洋历程中作出重大贡献的人物、机构及世界重大科考成果。

新颖独特的编创

本丛书以简约的文字配以大量精美的图片，图文相辅相成，使读者朋友在阅读文字的同时有一种视觉享受，如身临其境，在“畅游”的愉悦中了解海洋……

海之魅力，在于有容；蓝色经济、蓝色情怀、蓝色的梦！这套丛书承载了海洋学家和海洋工作者们对海洋的认知和诠释、对读者朋友的期望和祝愿。

我们深知，好书是用心做出来的。当我们把这套凝聚着策划者之心、组织者之心、编撰者之心、设计者之心、编辑者之心等多颗虔诚之心的“畅游海洋科普丛书”呈献给读者朋友们的时候，我们有些许忐忑，但更有几许期待。我们希望这套丛书能给那些向往大海、热爱大海的人们以惊喜和收获，希望能对我国的海洋科普事业作出一点贡献。

愿读者朋友们喜爱“畅游海洋科普丛书”，在海洋领域里大有作为！

随着从未间断的探索，人类对海洋的认识从无到有，点滴积累，逐步加深；从最初的原始海洋知识发展到现在的科学体系，海洋也逐步得到合理的开发利用。但是，无论是海洋科技的发展，还是海洋的开发利用，都必须有海洋科教机构作为人才培养与技术开发的平台来支撑。

近年来，“蓝色国土”深入人心，海洋科教机构的建设与发展愈发受到重视。一批高水平的海洋科教机构涌现出来，它们立足于海洋科学研究与人才培养的第一线，推动着全人类海洋事业的发展。一代代的海洋学家，凭借自己的睿智和勤奋，引领人类翻越海洋科学的一个又一个高峰。在这些科教机构和科学先驱的努力下，无数重大科技成果相继问世，其中包括海底扩张学说、海水流动原理与海洋生物起源、航海技术的应用与海洋经济的开发、海洋水产的养殖与海洋污染的治理等。与此同时，海洋学家们正在通过一些重大的海洋科

学考察活动，继续着对海洋宝藏的发掘、对海洋奥妙的探寻。

翻开《海洋科教》，你可尽情纵览海洋科学的发展历史，领略世界杰出海洋学家的风采，体味世界著名海洋科教机构的魅力，感受重大海洋研究成果与海洋科考活动创造的欣喜与激动！

目录
CONTENTS

CHINARE

目录
CONTENTS

认识海洋科学

Invitation to Marine Science

古往今来，人类对海洋的认识和研究不断深化，逐步形成了海洋科学体系。21世纪是海洋世纪，合理开发利用海洋，建设人类与海洋之间的和谐关系，首先要了解海洋科学。

（一）海洋科学发展的历史

1．海洋科学的萌芽时期（从古代至18世纪末）

这一时期是海洋知识的积累时期，主要表现在以下三方面。

（1）人们对海洋自然现象的认识和探索，主要依靠很不充分的观察和简单的逻辑推理，虽然其中不乏精彩的见解，但限于直观、笼统地把握海洋的一些性质。例如，公元前7世纪至前6世纪，古希腊的泰勒斯认为，水是万物的本源，大地浮在浩瀚无际的海洋之中；公元前11世纪至前 6世纪，中国的《诗经》中有江河“朝宗于海”的记载；公元前 4世纪，古希腊的亚里士多德在《动物志》中描述了爱琴海的170多种动物；公元前2世纪至前1世纪，中国的《尔雅》中记载了海洋动物和海藻。

（2）15～18世纪的大航海时代，自然科学和航海业的发展促进了海洋知识的积累。这些海洋知识以远航探险等活动所记述的全球海陆分布和海洋自然地理概况为主。15世纪初，中国的郑和七下西洋；1492～1504年，意大利人哥伦布横渡大西洋到达美洲；1498年，葡萄牙人达・伽马从大西洋绕过好望角经印度洋到达印度；1519～1522年，葡萄牙人麦哲伦完成人类第一次环球航行；1768～1779年，英国人库克首先完成了环南极航行，并最早进行科学考察，取得了世界上首批关于大洋表层水温、海流等资料。这一切使人们弄清了地球的形状和地球上海陆分布的大体形式。

（3）许多科技成就，不仅直接推动了航海探险，而且为近代自然科学的发展以及海洋学主要分支学科的形成奠定了基础。例如，中国发明的指南针，至少在1 500年前就用于了航海；1687年英国人牛顿用万有引力定律解释潮汐，奠定了潮汐研究的科学基础；1740年瑞士人贝努利提出平衡潮学说；1772年法国人拉瓦锡首先测定了海水的成分；1775年法国人拉普拉斯首创大洋潮汐动力学理论，等等。

↑司南

2. 海洋科学的建立时期（19世纪初至20世纪中叶）

这一时期，海洋科学注重对海洋的综合考察，形成了众多理论体系并取得许多研究成果，建立了专门的研究机构。

（1）达尔文1831～1836年随“贝格尔”号环球航行，对海洋生物、珊瑚礁进行了大量研究。英国人罗斯1839～1843年进行了环南极探险。1872～1876年英国“挑战者”号环球海洋考察被认为是现代海洋学研究的真正开始。“挑战者”号在三大洋和南极海域的几百个站位，进行了多学科综合性的海洋观测，在海洋气象、海流、水温、海水化学成分、海洋生物和海底沉积物等方面取得大量成果，使海洋学从传统的自然地理学领域中分化出来，逐渐成为独立的学科。这次考察的巨大成就引发了世界性的海洋调查研究热潮，很多国家相继开展大规模的海洋考察。1925～1927年，德国“流星”号在南大西洋的科学考察，第一次采用电子回声测深法，揭示了大洋底部并不是平坦的，而是像陆地地貌一样变化多端。

↑“贝格尔”号

（2）英国人福布斯在19世纪四五十年代出版了海洋生物分布图和《欧洲海的自然史》；美国人莫里于1855年出版《海洋自然地理学》；达尔文1859年出版了《物种起源》。这三部著作被誉为海洋生态学、近代海洋学和进化论的经典著作。同时，各基础分支学科，如物理海洋学、海洋化学、海洋地质学和海洋生物学的研究在大量科学考察资料的基础上，也取得显著进展，发现和证实了一些海洋自然规律，如海洋自然地理要素分布的地带性规律、海水化学组成恒定性规律、大洋风生漂流和热盐环流的形成规律等。由著名海洋学家斯韦尔德鲁普、约翰逊和弗莱明1942年合作写成的《海洋》一书对此前海洋科学的发展和研究作了全面、系统而深刻的概括，被誉为海洋科学建立的标志。

（3）1925年和1930年，美国先后建立了斯克里普斯海洋研究所和伍兹霍尔海洋研究所；1946年苏联科学院海洋研究所成立；1949年英国成立国立海洋研究所。这些专门研究机构的建立，也是海洋科学成为独立学科的重要标志。

极地风光

3. 现代海洋科学时期（20世纪中叶至今）

这一时期，海洋科学得到迅速发展，主要表现在以下几个方面。

（1）许多国际海洋科学组织相继建立。政府间组织如1960 年成立的隶属于联合国教科文组织的政府间海洋学委员会，1992年成立的北太平洋海洋科学组织；民间组织如1957年成立的海洋研究科学委员会，1966年成立的国际生物海洋学协会、海洋地质学委员会等。

（2）国际海洋合作调查研究大规模展开，如1957～1965年的国际印度洋考察、1985～2003年的大洋钻探计划、1990～2000年的全球海洋通量联合研究计划、2001～2010年的全球海洋生物普查等。

（3）重要突破屡见不鲜。板块构造学说被誉为地球科学的一场革命；海底热液的发现，使海洋生物学和海洋地球化学获得新的启示；大洋中尺度涡的发现，促进了物理海洋学的发展。大洋环流理论、赤道潜流系统、热带大西洋和全球大气变化以及海洋生态系统等的研究都获得重大进展。

（二）海洋科学的研究体系和分支学科

1. 海洋科学的研究体系

（1）基础性学科研究，直接以海洋的自然现象和过程为研究对象，并探索其发展规律。

（2）应用性技术研究，研究如何利用海洋造福人类。

2. 海洋科学的分支学科

（1）基础分支学科。海洋学是研究发生在海洋中的物理、化学、生物、地质地貌等各种自然现象和过程，以及它们之间相互联系的科学。海洋学是地球科学的重要分支之一，按其研究对象的不同，通常可分为物理海洋学、化学海洋学、生物海洋学和地质海洋学四个基础学科。物理海洋学主要研究潮汐、波浪、海流等为主体的海水运动的物理特性，以及温度、盐度、密度等海洋基本要素的分布及变化；化学海洋学致力于探讨海洋环境中发生的化学过程，包括海水和生物、底质中化学物质的组成、结构、存在形态、相互作用、变化转移的规律，及其分布、分离、提取和利用等；生物海洋学所研究的是海洋生态系、群落结构、动态变化、生物生产力和水产养殖；地质海洋学涉及的是海洋的地质地貌、洋盆构造、海底矿产资源、海底沉积物的形成过程和有关海洋的起源及演化。四个基础分支学科既互相联系、互相依存，又互相渗透，不断萌生出许多新的分支学科，如海洋地球化学、 海洋生物化学、海洋生物地理学、古海洋学等。另外，海洋科学的研究，特别是在早期，具有明显的自然地理学方向，着重于从自然地理的地带性和区域性的角度研究海洋现象的区域组合和相互联系，以揭示区域特点、区域环境质量、区域差异和关系，形成了区域海洋学。

（2）应用分支学科。海洋科学基础分支学科的研究成果，是整个海洋科学的理论基础，对海洋资源的开发利用和海洋环境工程等生产实践起着指导作用。由于现代科学技术发展迅速，海洋资源开发技术与日俱新，在海洋科学研究中就逐渐分化出一系列技术性很强的应用学科和专业技术研究领域，如卫星海洋学、渔场海洋学、军事海洋学、航海海洋学、海洋声学、光学与遥感探测技术、海洋生物技术、海洋环境预报以及工程环境海洋学等。

（三）海洋科学研究的前沿课题

科学技术使海洋科学得以迅速发展，取得了许多重大进展，但仍有许多问题需要解决。在物理海洋学方面，这些问题包括海洋在气候系统中的作用、全球气候观测、海洋在水循环中的作用、垂直海岸输运等。而海洋边缘的陆海交换、影响平流层臭氧的海气交换通量过程等，成为未来海洋化学研究的主要内容。在海洋地质与地球物理学方面，对固体地球、古海洋学、大陆架与滨海沉积物、大洋岩石圈和大洋边缘中的流体等方面的研究，有待进一步深入。此外，深海与远海的海洋生态学研究，也是海洋科学研究的前沿课题。

中国《国家中长期科学和技术发展规划纲要》指出，在海洋技术方面，要重视发展多功能、多参数和作业长期化的海洋综合开发技术，以提高深海作业的综合技术能力；要重点研究开发天然气水合物勘探开发技术、大洋金属矿产资源海底集输技术、现场高效提取技术和大型海洋工程技术。其中的前沿技术有：

（1）海洋环境立体监测技术，是在空中、水面、水中对海洋环境要素进行同步监测的技术；重点研究海洋遥感技术、声学探测技术、浮标技术、岸基远程雷达技术、海洋信息处理与应用技术。

（2）大洋海底多参数快速探测技术，是对海底地球物理、地球化学、生物化学等特征的多参量进行同步探测并实现实时信息传输的技术；重点研究异常环境条件下的传感器技术、传感器自动标定技术、海底信息传输技术等。

（3）天然气水合物开发方面，重点研究天然气水合物的勘探理论与开发技术等。

（4）深海作业技术，是支撑深海海底工程作业和矿产开采的水下技术；重点研究大深度水下运载技术、生命维持系统技术、高比能量动力装置技术、高保真采样和信息远程传输技术、深海作业装备制造技术和深海空间站技术等。

↑深海探测设备

著名涉海大学

Famous Ocean-Related Universities

合理开发和利用海洋，离不开海洋人才的培养。而海洋人才的培养，则依赖于学校。涉海大学是培养海洋人才的摇篮，是海洋科学研究的重要基地，是海洋科技的前沿地带。它们使无数科学家得以积累海洋学科的知识，探索海洋的奥秘，播撒海洋学知识的火种。让我们走进这些知名大学，领略它们的魅力！

夏威夷大学*

名校名片

名称：夏威夷大学

建校时间：1907年

主校区所在地：美国夏威夷州檀香山

机构设置：建筑学院、艺术与理学院、艺术与人类学院、语言与文学院、自然科学学院、社会科学学院、商学院、教育学院、工程学院、夏威夷知识学院、亚太研究学院、健康科学与社会福利学院、法学院、医学院、护理学院、海洋与地球科学技术学院、社会工作学院、旅游业管理学院、热带农业与人类资源学院

夏威夷大学的前身是1907年建立的夏威夷农业和机械工艺学院，1920年正式更名为夏威夷大学。建校之初仅有10名学生，经过百余年的发展，现在的夏威夷大学已经成为夏威夷州的高等教育系统，拥有10所分校，几十个教育、培训和研究中心，遍布整个夏威夷群岛，对夏威夷州的经济发展起到了十分重要的作用。由于地处太平洋中部、东西方文化的交汇处，夏威夷大学是亚太地区众多专家学者的聚集地，热带科学、海洋研究、英语教学、旅游管理、基础科学及亚太地区大众健康等强势学科的建立将夏威夷大学稳步带入了世界著名大学的行列。

夏威夷大学的海洋与地球科学技术学院于1988年成立，下设地质学与地球物理学、气象学、海洋与资源工程、海洋学4个系，拥有4个研究所、1个全美最顶尖的实验室（夏威夷水下研究实验室）、2个研究中心、2艘考察船及3部潜水器。

夏威夷海洋生物研究所是世界闻名的海洋研究所，是进行热带海洋研究的绝佳场所。其主要研究课题有珊瑚生态系统、生物地球化学、基因进化等。此外，研究所的研究人员被公认是海洋灾害、微生物、海洋哺乳动物和板鳃鱼类感觉系统研究方面的专家。

---

* 按大学所在国家英文名称首字母排序

↑夏威夷大学校园一角

海洋微生物研究与教学中心成立于2006年，由美国国家科学基金会赞助，目的是加深人类对海洋中各种微生物集群的了解。从海洋微生物的基因水平到生物碳循环，其所有学术活动分散在5个合作机构——麻省理工学院、蒙特利水族馆研究所、伍兹霍尔海洋研究所、加利福尼亚大学圣克鲁兹分校和俄勒冈州立大学，合作机构之间的协调工作由夏威夷大学来完成。其优势在于促成了各领域专家的合作并进行各种新的科学尝试，加速了新的科技成果的诞生。

夏威夷水下研究实验室由美国国家海洋和大气管理局同夏威夷大学共同建立，主要研究太平洋深海作用。21世纪初，实验室在估测采集珍稀珊瑚礁对深海鱼群和海豹觅食的影响及黑珊瑚渔业对底层鱼类生存的影响方面取得了重大成果。今后实验室将把研究重点集中到深海地质学、深海生态系统及其对全球气候和生态的影响方面。

↑水下研究实验室

德克萨斯农工大学

名校名片

名称：德克萨斯农工大学

建校时间：1876年

主校区所在地：美国德克萨斯州大学城

机构设置：农业与生命科学学院、建筑学院、商学院、教育学院、工程学院、地球科学学院、文学院、理学院、医药学院、布什公共政策学院

德克萨斯农工大学是美国德克萨斯州第一所公立高等教育学府。1876年建校之初名为德克萨斯农工学院，1963年更名为德克萨斯农工大学，旨在将学校发展成一所综合性大学。该大学是美国占地面积最大的大学之一，两个分校一个位于美国德克萨斯州，另一个位于中东国家卡塔尔。在《美国新闻与世界报道》中，德克萨斯农工大学被评为美国最优秀的大学之一。这所研究型的旗舰大学被《美国财经杂志》评为性价比最高的大学，是少数同时拥有美国国家土地赠与、海洋补助金、空间补助金的大学之一，并拥有许多世界水平的研究项目。该校知名校友无数，德克萨斯州有句谚语："农工大学校友在德州境内可如子弹般飞射横行。"

↑德克萨斯农工大学校园一角

地球科学学院是德克萨斯农工大学最大的学院之一，现设大气科学系、地理系、地质与地球物理系和海洋学系4个系。

海洋学系的前身是1949年建立的海洋和气象系，是美国最早开展海洋与大气结合研究的学系之一。该系建立之初就十分重视海洋学与物理学、生物学、化学、地质学和

↑德克萨斯农工大学校园一角

气象学的跨学科研究，特别是海洋与大气的结合研究。20世纪60～70年代，大学经历了“海洋学的黄金时代”，成为美国海洋补助金计划中的大学之一。如今的海洋学系已经是全美该领域研究经费最多的学系之一，主要研究课题有海洋生物、海洋化学、海洋地质与海洋地球物理、海洋物理及其他跨学科研究课题。随着设备的不断完善，“回旋”号海洋考察船为该系提供了一个海上研究平台。

1984年，德克萨斯农工大学成为国际大洋钻探计划的执行机构，负责“乔迪斯·决心”号钻探船的钻井工作、船上及岸上实验室、岩芯储存及科考成果发布。

德克萨斯海洋研究所是由德克萨斯农工大学于1989年资助成立的，是一个国际认可的研究机构。建立的目的是研究墨西哥湾海岸，为德克萨斯州以及墨西哥湾地区提供与海洋产业相关的理论和技术支持。其中海洋哺乳动物搁浅网络已经营救了成百上千只动物，被营救并顺利存活下来的动物或被放归大海，或被送到合适的海洋公园。

西雅图华盛顿大学

名校名片

名称：西雅图华盛顿大学

建校时间：1861年

所在地：美国华盛顿州西雅图

机构设置：文科与科学学院、商学院、海洋学院、教育学院、工程学院、环境学院、信息学院、法学院、医学院、护理学院、药学院、公共事务学院、公共卫生学院等

西雅图华盛顿大学是美国西海岸历史最悠久的公立大学，拥有世界一流的图书馆，是华盛顿州的艺术、音乐戏剧、运动及医学护理中心，其医学院举世闻名。该大学教育质量上乘，为工商、科技和政界培养了大批人才，如与比尔·盖茨共同创建微软的保罗·艾伦、福特汽车总裁唐纳德·皮特森等。大学现有16个学院，专业的研究中心多达270个，其联邦研究经费总额为全美第1位。

西雅图华盛顿大学的海洋学院在美国的海洋研究和教学方面首屈一指。1930年，该大学兴建海洋实验室；1951年，海洋学院正式成立。学院在探索海洋学知识的同时，还关心由环境问题而引起的社会问题，致力于培养人们的环保意识。学院每年的研究经费高达1 400万美元，现代化的实验室、两艘设施一流的考察船和专业的岸基实验室为海洋学院提供了绝佳的研究环境。

海洋学院的主要研究领域有海洋生物学、海洋化学、海洋地质学与地球物理学、海洋物理学、大洋环流。学院在海岸研究、极端环境生命现象和气候变化等跨学科领域研究上也有很强的实力，参与多个国家级研究项目，如白令海生态研究、海洋观测计划、洋脊多学科全球试验、全球海洋通量联合研究、世界海洋环流试验等。

为了与美国国家海洋和大气管理局建立合作关系，西雅图华盛顿大学于1977年成立了大气与海洋联合研究所。研究所在气候变化、海水酸化、水产评估及海啸预报方面的研究处于前沿水平，气候、环境化学、海洋生态系统和近海海洋学是研究所的四大强势研究方向。

↑西雅图华盛顿大学一角

成立于1943年的西雅图华盛顿大学应用物理实验室是进行海洋学与工程研究的尖端实验室。建立之初的目的是解决美国海军的战事问题，以研究有效的鱼雷爆炸装置为主。实验室启动声学和海洋学项目来检测海洋环境对鱼雷的航程影响。经过几十年的研究，实验室在诸多方面居于世界前列，如利用声纳探测洋底地质、利用便携式高频超声波装置治疗内出血等。

Link 

李小龙1961年考入华盛顿大学，修读哲学和戏剧。后来他创立了哲学色彩浓厚的武道——截拳道，强调“以无法为有法，以无限为有限”，成为一代宗师和武打巨星，于1973年离世。

詹姆斯·库克大学

名校名片

名称：詹姆斯·库克大学

建校时间：1970年

主校区所在地：澳大利亚昆士兰州汤斯维尔市

机构设置：文学、教育和社会科学学院，法律、商业和创造艺术学院，医学、健康和分子科学学院，科学工程学院

JAMES COOK UNIVERSITY AUSTRALIA

↑珊瑚礁

詹姆斯·库克大学的校名取自18世纪英国著名探险家、航海家和制图学家——詹姆斯·库克船长。库克船长在太平洋和南极洲的伟大航行中为世界科学发展作出了巨大的贡献，同时也是第一位绘制澳大利亚东海岸地图的人。詹姆斯·库克大学共有五个校区，是澳洲的第一所热带大学，在与热带地区有关的一些学术领域有很强的实力，是澳洲顶尖的研究型大学，现已跻身全世界12所著名热带大学行列。主要研究领域有海洋科学、生物多样性、热带生态与环境、全球变暖、旅游学、热带医学与公共健康护理等，研究目的是解决世界热带地区遇到的问题。该大学周围的生态环境多样（昆士兰热带雨林、大草原、大堡礁等），为大学提供了世界上独一无二的地理优势。

詹姆斯·库克大学的科学工程学院设有地球与环境科学、工程与物理科学、海洋与热带生物3个学科。海洋学科是该大学规模最大的强项研究领域，该大学25%以上的预算都用于该领域的研究。

为增强在传统优势项目上的实力，近年来，该校一直在扩大与其他研究机构的合作范围。澳大利亚国家研究委员会珊瑚礁研究中心的总部就设在詹姆斯·库克大学。该中心还与澳大利亚海洋科学研究所、澳大利亚国立大学等，以及其他9个国家的24个研究所共同合作对珊瑚礁进行研究，积聚了世界上最知名的珊瑚礁科学家，是目前最大的全球珊瑚礁研究中心，并与全球海洋生物普查保持密切的联系。此外，澳大利亚海洋科学研究所与该校在水产养殖等方面的合作也进一步提高了该大学在海洋领域的研究水平。

↑詹姆斯·库克大学校园一角

魁北克大学

名校名片

名称：魁北克大学

建校时间：1968年

主校区所在地：加拿大魁北克省魁北克市

魁北克大学是加拿大规模最大的大学，共有9所分校，总部设在魁北克市，是魁北克省的一所综合性大学。建立之初，魁北克大学的使命是普及大学教育，促进魁北克省的科学发展。魁北克大学始终坚持面向世界、站在研究领域尖端的方针，不断创新，已成为加拿大最大的教育机构，教学活动遍及魁北克省并已面向世界提供大规模的教育。尽管很年轻，但魁北克大学在森林学、海洋环境科学、潜在资源开发与运输、健康科学、国土开发与管理五大领域的研究都有不俗的表现。

魁北克大学在水生生态和海洋环境方面的研究处于世界领先水平，研究课题包括地下水、地表水、水产养殖、污水处理、污水排放对人类健康的影响、环境公共政策、水资源控制等。组建于1978年的国立科学研究院是魁北克大学从事海洋研究的部门之一。该研究院设有水土环境中心、能源材料通讯中心、规划文化社会中心、人类动物卫生与环境卫生中心4个研究中心。

里穆斯基分校是魁北克大学的9所分校之一，涉及海洋类的专业有海洋资源管理、海洋测绘、洋流动力学、海洋地理和海洋生态等。分校下设的里穆斯基海洋科学研究院不仅聚集了大批研究者，在近岸环境可持续发展的研究及相关技术推广，不同纬度的气候变化、紫外线对海洋食物链的影响，海洋污染对近岸生态系统的影响，海洋声学，水产养殖，种群动力学以及海洋沉积物运动方面的研究也处于世界领先水平。该研究院现拥有加拿大洋脊分子生态毒理学研究组、加拿大水产研究组、加拿大渔业与海洋声学研究组、魁北克水产网、地球化学与地球动力学研究中心等众多研究机构。里穆斯基海洋科学研究院拥有水下生物研究站、1艘考察船和其他一流的实验设备。海洋学和其他学科（生物学、化学、地质学、物理学）的专家学者均可在此参与合作国家级甚至世界级的海洋研究项目。

↓魁北克大学校园一角

纽芬兰大学

名校名片

名称：纽芬兰大学

建校时间：1925年

主校区所在地：加拿大纽芬兰省圣约翰斯市

机构设置：人文学院、海洋学院、工商管理学院、教育学院、工程与应用科学学院、医学院、理学院、人体动力学与休闲娱乐学院、音乐学院、护理学院、制药学院、社会工作学院、威尔弗雷德·格伦费尔学院、研究生院

Memorial
University of Newfoundland

纽芬兰大学拥有悠久的历史和丰硕的成果，是1925年为纪念第一次世界大战中牺牲的纽芬兰士兵而建。经过近百年的发展，该校已成为加拿大大西洋地区规模最大的综合性大学，是加拿大最好的大学之一。该大学共有3个校区，主校区位于加拿大东海岸的著名风光旅游城市圣约翰斯；第二个校区位于纽芬兰省西部海岸康奈布鲁克；第三个校区坐落于英国的哈洛，使纽芬兰大学成为加拿大在英国设有校区的两所大学之一。该大学专业齐全，实力雄厚，教学质量一流，拥有众多科研机构，如加拿大国家研究委员会在该校建立的海洋动力研究所、邦恩湾海洋站、加拿大冷海资源工程中心、渔业与海洋研究所、海洋科学中心、海事学研究机构等。

↑纽芬兰大学校园一角

由于特殊的地理位置，纽芬兰大学在海洋学方面一直处于世界领先地位。

该大学拥有著名的海洋学院，下设水产学院、海事研究学院与海洋技术学院，配备有两艘考察船。

海洋学院有若干应用研究中心，如水产养殖和海产品开发中心，海洋模拟中心（拥有北美最强的海洋模拟科研能力），水产资源可持续中心（是世界最大的减摇水舱所在地）等。

海洋学院一直得到纽芬兰省的大力支持，省政府不惜重金租用世界级考察船“凯尔特探险者”号为海洋学院做科考之用。学院十分重视科技的实际运用，致力于通过不断研发新的海洋产品和提供海洋服务来发展海洋经济，是公认的海洋应用研究领域最好的学院之一。

纽芬兰大学校园一角

中国海洋大学

名校名片

名称： 中国海洋大学

建校时间： 1924年

所在地： 中国山东省青岛市

机构设置： 16个学院，1个基础教学中心；中国海洋发展研究中心、国家海洋药物工程技术研究中心和联合国教科文组织中国海洋生物工程中心；7个教育部重点实验室，4个教育部工程研究中心，2个山东省重点实验室；2个国家基础科学研究和教学人才培养基地，1个国家生命科学与技术人才培养基地，2个教育部学科创新引智基地，1个教育部人文社会科学重点研究基地，1个国家文化产业研究中心和4个山东省人文社会科学研究基地；“东方红2”号海洋综合调查船

中国海洋大学是一所以海洋和水产学科为特色，学科门类较为齐全的教育部直属重点综合性大学，是国家“985 工程”和“211工程”重点建设高校。学校现有崂山、鱼山和浮山3个校区；全日制在校生24 000余人，其中博士、硕士研究生7 500余人（博士研究生1 500余人）、本科生近16 000人、留学生近1 000人；教职工2 700余人，近90%的教师具有研究生学历，其中54%的教师具有博士学位，重点学科80%以上教师具有博士学位。

培养国家海洋事业领军人才和骨干力量的摇篮

建校80多年来，从中国海洋大学走出的毕业生中有9位成为中国科学院或中国工程院院士。

自山东海洋学院建制50余年来，学校为国家海洋事业输送了数千名优秀人才，他们大多数已经成长为国家海洋科教和管理机构的骨干。国家海洋局原局长王曙光、孙志辉，中国第一个登上南极的科学家董兆乾，第一个徒步考察南极的科学家蒋家伦，第一个登上南、北两极的科学家赵进平都是该校校友。中国第一次南极考察的75位科学家中一半以上是该校毕业生。

努力建设国际知名、特色显著的高水平研究型大学

中国海洋大学堪称海洋科学和水产科学领域基础研究和应用研究的“国家队”。在海洋科学领域开创了中国在该领域的基础研究工作，将研究领域从传统的流、浪、潮，拓展到浅海环流与物质输运、大洋环流、风暴潮、海气相互作用、卫星遥感、极地海洋学研究等方面，并开展了海洋生态动力学、陆海相互作用、海洋生物地球化学整合研究等多学科交叉的综合研究。

在中国海洋农牧化的进程中，海大人为推进海水养殖业的“四次浪潮”，促进国家海洋经济繁荣，维护国家食品供应安全，提高人民生活水平，作出了突出的贡献。

海洋药物、海洋环境科学等新兴学科方向发展迅速，具备了建设世界一流学科的基本条件；由海洋和水产等优势学科辐射带动的海洋经济、海洋管理、海洋法学等具有文理交叉特征的学科发展势头强劲，产生了广泛影响。

该校植物与动物学、地球科学和工程技术学科（领域）进入全球科研机构基础科学指标（ESI）世界前1%。经过两轮国家一级学科评估，海洋科学和水产学科稳居第一；6个一级学科进入全国前10名；10个一级学科进入全国前20名；13个一级学科进入全国前30位。

蓝天白云下的中国海洋大学

该校发明了海洋寡糖规模化获取技术体系，构建了国内外第一个海洋糖库；主持编著了中国首部大型海洋药物典籍——《中华海洋本草》。

该校的海洋特征寡糖制备技术（糖库构建）与开发应用科技成果获得国家技术发明一等奖，另有20余项科技成果获得国家科学技术奖。

目前，该校已与131所国际著名大学和科研机构签订合作协议，构建了“美大地区科研合作与高层次人才培养项目”、“中澳海岸带管理研究中心”、“中德海洋科学中心”等国际科教合作平台；研究生培养成功实现了与欧盟学分转换体系对接；与美国德克萨斯农工大学联合培养博士生，实现了中国高校与美国著名大学联合授予博士学位的突破，国际合作领域进一步拓展。

学校坚持走“特色立校，科学发展，树人立新，谋海济国”的发展道路，突出强调以人为本的理念，着力实施人才强校、国际化和文化引领战略，以改革推动学校建设，统筹安排中长期发展目标和各阶段建设任务。学校的发展目标是，到2025年将学校建设成为国际知名、特色显著的高水平研究型大学；到本世纪中叶或更长一段时间，力争使学校跻身特色显著的世界一流大学行列。

"东方红2"号海洋调查船是由国家计委、财政部、教育部和地方政府共同投资9 000万元人民币建造，于1996年1月正式投入使用的中国国内最先进的海洋综合性调查船之一。该船长96米、型宽15米、总吨位3 235吨、排水量3 500吨、最大吃水5.5米、最大航速18节，定员196人，续航力13 000海里，自给力为60天。全船设有15个不同类型的实验室，相继增添的近2 000万元的仪器设备，能够满足多学科综合调查要求。

↑ "东方红2"号海洋调查船

中国海洋大学校园鸟瞰

厦门大学

名校名片

名称：厦门大学

建校时间：1921年

所在地：中国福建省厦门市

机构设置：24个学院，2个国家重点实验室，1个国家工程实验室，1个国家工程技术研究中心，1个科技部国际科技合作重点科研机构，6个教育部重点实验室，3个教育部工程技术中心，5个教育部文科重点研究基地等

厦门大学坐落于海滨城市厦门，由著名爱国华侨领袖陈嘉庚先生于1921年创办，是中国近代教育史上第一所由华侨创办的大学，也是中国唯一一所地处经济特区的国家“211工程”和“985工程”重点建设高校。大学设有24个学院（含62个系）和10个研究院。建校迄今，厦门大学已为国家培养了20多万名本科生和研究生，先后有60多名两院院士在此学习、工作。

↑厦门大学校门

厦门大学海洋与环境学院下设海洋学系、环境科学与工程系、海洋技术与工程系三个系及近海海洋环境科学国家重点实验室、水声通信与海洋信息技术教育部重点实验室、福建省教育部海洋环境科学联合重点实验室、厦门大学亚热带海洋研究所、环境科学研究中心、厦门海岸带可持续发展研究院6个单位。由于地处亚热带，学院充分发挥地理优势积极推动和促进相关的基

↑厦门大学校园夜景

础研究与应用技术的发展，其海洋科学与环境科学的研究水平在国内领先并逐渐接近国际先进水平。海洋学系成立于1946年，在国内起步较早，61%的教师拥有博士学位，是中国海洋科学研究的先驱单位，其在海洋浮游生物学、海洋鱼类学、同位素海洋学、海洋生物地球化学、海洋环境数值预报、水声和水下信息传输、海洋管理科学等领域已经形成研究特色，并且在海洋经济动物养殖及病害防治、海洋环境保护等应用研究方面取得丰硕成果，共有30多个研究项目获国家级和省部级奖励。此外，学院配备了各种实验室大型仪器和设备，拥有近海调查船和海洋动物增养殖试验基地，可供本科生、研究生教学和实习以及科学研究使用。近年来，厦门大学海洋学系与美国伍兹霍尔海洋研究所、 斯克里普斯海洋研究所、加拿大国家海洋研究所、法国海洋生物地球化学研究所、莫斯科大学、日本东京水产大学等建立了经常性的教学与科研合作关系。

大连理工大学

名校名片

名称：大连理工大学

建校时间：1949年

所在地：中国辽宁省大连市

机构设置：研究生院，7个学部（下设28个院系），7个独立建制的学院、教学部，3个专门学院和1所独立学院，4个一级国家重点学科，6个二级国家重点学科和2个二级国家重点（培育）学科等

大连理工大学坐落于海滨城市大连，前身是1949建立的大连大学工学院，1950年独立后成为大连工学院，1988年更名为大连理工大学，是国家“211工程”和“985工程”重点建设大学。该校现有8名两院院士、14名双聘院士任职。该校广泛

↑大连理工大学校园一角

开展对外交流与合作，已与21个国家和地区的128所大学及研究机构建立了稳定的交流与合作关系，聘请名誉教授、客座教授、顾问教授301人。

大连理工大学的运载工程与力学学部成立于2007年，是该校成立的第一个学部，这种新的学科组织模式打破了传统的院系界限，促进了跨学科和创新研究。学部下设4个院系、1个国家重点实验室和1个国家工程研究中心。4个院系中的船舶工程学院（原船舶工程系）于1952年创建，主要有船舶与海洋结构物设计制造、轮机工程、水声工程等专业。学院在船舶虚拟设计与数字化技术、船舶与海洋结构物先进制造技术等特色研究方向形成了较强的优势和积累；配备有模拟实验水池、船舶工艺实验室、船舶振动与噪声实验室、水声实验室和结构环境损伤与控制实验室，实验条件与实验设备达到当前国内先进水平，为培养高层次人才创造了良好的环境。

中国教育部和国家海洋局于2010年9月16日在北京签署协议，合作共同推进国内17所高校涉海学科建设及科技创新平台建设。这17所高校是北京大学、清华大学、北京师范大学、厦门大学、中国海洋大学、中国地质大学（北京）、天津大学、大连理工大学、上海交通大学、同济大学、南京大学、河海大学、浙江大学、武汉大学、中国地质大学（武汉）、武汉理工大学和中山大学。根据共建协议，教育部和国家海洋局将本着“务实、高效、互惠、双赢”的原则，共同推进高校涉海学科建设及科技创新平台建设。教育部将大力发展海洋教育，支持共建高校涉海学科及相关重点学科、重点实验室和研究平台建设，促进涉海及相关学科专业交叉融合和新兴学科发展。

南安普顿大学

名校名片

名称：南安普顿大学

建校时间：1862年

主校区所在地：英国南安普顿市汉普郡

机构设置：法律与商学院、工程与环境学院、健康科学学院、人文学院、医学院、自然与环境科学学院、物理与应用科学学院、社会与人类科学学院

南安普顿大学有5个校区，其中4个在南安普顿市，1个在温彻斯特，为全英研究型大学前15强之一。作为一所名牌大学，南安普顿大学拥有众多世界级的太空科学研究者。不论是对轨道碎片的研究、对黑洞的监测，还是对电力推进系统及航天器结构的研发，该大学始终处于世界最前列。

南安普顿大学在其他领域也进行着广泛的研究，如气候变化、可再生能源，全球150多家企业选择该大学作为技术研发合作方。因此，该大学也成为众多精英的聚集地，如英国皇家学会会员温蒂霍尔教授，就是一名多媒体和超媒体研究的佼佼者，对电子图书馆、语意网的发展及网络科学的研究有深远的影响。

南安普顿大学海洋与地球科学系配备有一流的教学资源，提供完善的课程，包括海洋学、海洋生物学、地质学、地球物理学等。

↑南安普顿大学校园一角

↑南安普顿大学校园一角

该系与英国自然环境研究委员会的国家海洋学中心合作，于1995年斥资5 000万英镑在南安普顿市女王码头的滨水区共同成立了南安普顿国家海洋学研究中心。

该中心被誉为世界十大地球科学研究机构之一，是具有国际先进水平的、在海洋与陆地科学以及海洋科技方面有卓越成就的中心，是世界上深海传感器和平台技术设计与开发的领头军。中心下设1个实验室（水下系统实验室）和9个研究组，拥有“发现”号与“詹姆斯·库克”号科学调查船。

↑“詹姆斯·库克”号科学调查船

艾克斯-马赛第二大学

名校名片

名称： 艾克斯-马赛第二大学

建校时间： 1973年

所在地： 法国马赛市

机构设置： 7个教研单位，2所学院，3所专门学院

艾克斯-马赛第二大学，简称马赛二大，是一所包括医疗健康、人类学、社会与技术科学、理学等的多学科综合大学。它的3个核心研究领域是健康科学、自然科学及社会与技术科学。该校共有94个研究单位，其中85%的研究单位与世界大型研究机构有合作关系。地处地中海沿岸的马赛二大在扩大国际合作的同时，不断提高自身的国际影响力。不断更新的学科研究项目、高水准的师资力量、极富创造性的教学方法、信息技术的强大支持及以学生为本的研究项目成为马赛二大的绝对优势。

马赛海洋学中心属于马赛二大，也是法国国家科学研究中心宇宙科学研究所的观测站，建于19世纪末，现有3个实验室：物理海洋与生物地球化学实验室，微生物地球化学与海洋生态实验室，海洋生物多样性、海洋生物进化及海洋生态效能实验室。

法国国家科学研究中心是法国的公共研究机构，是欧洲最大的基础研究组织。该中心成立于1939年，负责研发各种科学技术并推广各种专有技术，以期给社会带来文化和经济效益。麾下豪杰众多：16位诺贝尔奖得主，11位菲尔兹奖获得者，11 600名研究人员和14 400名工程师。该中心2009年的预算高达33 670亿欧元，其研究范围涉及科学领域的各个方面。

西布列塔尼大学

名校名片

UBO
université de bretagne occidentale

名称：西布列塔尼大学

建校时间：1971年

所在地：法国布列塔尼大区

机构设置：医学与健康科学学院、口腔学院、文学与人文科学学院、科学与技术学院、法律与经济学院、体育学院，欧洲大学海洋研究院、布雷斯特与坎佩尔技术研究所、商务管理研究所、公共管理培训研究所、欧洲保险研究所、布列塔尼教师培训研究所等

西布列塔尼大学是法国布列塔尼大区唯一一所综合性大学，在科学技术、医学、文学及人文科学、法律、经济管理、体育等领域教学水平很高。大学十分重视跨学科研究，以跨学科研究而著称，主要有海洋科学，数学、信息通讯科学与技术及材料科学，医学，生物及社会科学等研究重点。该校研究者参与了一系列享誉世界的研究项目，如人类基因组计划等。

↓西布列塔尼大学一角

西布列塔尼大学的欧洲大学海洋研究院得到了法国国家科学研究中心、法国高等教育研究部及地方政府的大力支持，是法国乃至欧洲顶级的海洋研究机构。这里进行着多种学科与海洋学的跨学科研究，如海洋地球物理学、海洋地质学、海洋地理、海洋法、海洋经济等。

研究院拥有1艘考察船和物理海洋实验室、海洋环境科学实验室、地球科学实验室、极端环境微生物实验室、近岸环境遥感信息处理实验室、海洋法与海洋经济实验室等。

↑欧洲大学海洋研究院的考察船

物理海洋实验室建于1991年1月1日，由法国国家科学研究中心、法国海洋开发研究所、法国国家发展研究院、西布列塔尼大学4个机构联合成立，是集科研和教学于一身的顶级实验室。该实验室主要研究海洋动力科学和海洋与地球其他构成部分（如大气、冰川、生物等）之间的关系，其研究课题主要有大洋环流和气候，大西洋近岸的海流和涡旋对航行、污染物扩散、鱼类资源分布的影响，中尺度涡以及大陆边缘环流导致的近海与大洋的物质能量交换等。

不来梅大学

名校名片

Universität Bremen

名称：不来梅大学

建校时间：1971年

所在地：德国不来梅州不来梅市

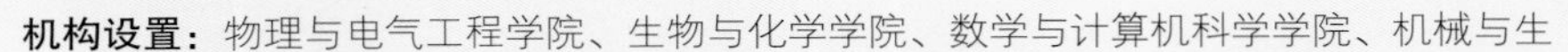

机构设置：物理与电气工程学院、生物与化学学院、数学与计算机科学学院、机械与生产工艺工程学院、地球科学学院、法学院、经济学院、社会科学学院、文化研究学院、语言与文学学院、人类与卫生科学学院、教育学院等

不来梅大学是当今德国学科最多、研究机构最全的高等学府之一。该大学重视跨学科研究，其研究领域主要有海洋与气候、材料科学、社会科学、健康科学、逻辑学等。不来梅大学被誉为德国西北部的科学中心，同时还是德国不来梅州规模最大的大学，是德国最有名的7所大学之一。不来梅大学与中国许多著名大学进行了合作交流，如中国海洋大学、同济大学和华东师范大学等。

↑不来梅大学校园一角

不来梅大学海洋地质专业是德国自然科学基金重点建设科研示范点。

大洋钻探计划和综合大洋钻探计划的3个样品储存库之一就坐落在不来梅大学，这个储存库负责搜集大西洋、南大洋、地中海和加勒比海的岩芯。

不来梅大学拥有若干世界水平的海洋研究所。例如，海洋环境科学中心主要研究海洋与气候的相互关系、海底及底栖生物、海洋沉积与搬运；魏格纳极地与海洋研究所的研究范围主要集中在极地地区和中纬度地区；热带海洋生态研究中心主要从事生态学、生物地球化学以及与热带近岸生态系统的相关研究。

基尔大学

名校名片

名称：基尔大学

建校时间：1665年

所在地：德国基尔市

机构设置：神学院、法学院、商业-经济-社会科学学院、医学院、人文学院、数学-自然科学学院、农业与营养科学学院、工程学院

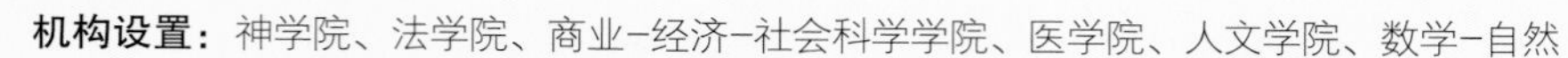

建校300多年来，基尔大学已发展成一所学科门类齐全、在跨学科研究领域有较强竞争力的世界名牌大学。一批享有声望的科学家曾在此任教，如量子论的创建者马克斯·普朗克，被誉为无线通讯始祖的海因里希·鲁道夫·赫兹，1928年在基尔大学制造了第一台“盖格尔计数器”的汉斯·盖格尔等；在基尔大学任教过的学者中有6名获得诺贝尔奖。

基尔是德国著名的港口城市，坐落于此的基尔大学更是充分利用地理优势，将海洋科学定为大学的核心研究领域之一。基尔大学的海洋研究已有100多年的历史，从事这一领域研究的主要有海洋科学研究所、海洋地球科学研究中心等，并建立了德国最大的海洋研究所——莱布尼兹海洋研究所。

基尔综合探测系统由基尔大学应用物理研究所于1980年研制，是用于深海和浅海海洋学测量的精密仪器。它不仅可以快速提供关于海水温度、电导率、光衰减、溶解氧、声速等海洋要素水平和垂直分布的资料，而且通过船上的中心处理机对这些资料的计算和分析，还可提供海水的密度、盐度值及其他海洋学、气象学、生物学分层调查的背景资料。

莱布尼兹海洋研究所是德国国家级的海洋研发中心、德国最大的海洋研究所，也是欧洲最领先的海洋研究机构之一。 其研究范围涉及世界各大洋水域，主要有4个研究方向：洋流与气候动力学、海洋生物化学、海洋生态学、海床动力学。

拥有4艘考察船、载人潜水器、深海机器人、高效计算设备等世界一流的实验设施。

该所还负责开设基尔大学在海洋地质学及海洋气候学两个领域的本科生及研究生课程。

↑莱布尼兹海洋研究所

东京海洋大学

名校名片

名称：东京海洋大学

建校时间：2003年

主校区所在地：日本东京市

机构设置：海洋科学院、海洋工学院、海洋科学与技术研究生院

东京海洋大学由两所历史悠久的大学——东京商船大学和东京水产大学于2003年10月1日合并而成。其海洋工学院主要研究船舶职员的培训；海洋科学院主要研究水产和食品。从海洋资源的利用到海事运输的科技更新，从海洋环境保护到海洋政策的制定，从海洋食品的研发到海洋物流的研究，东京海洋大学对海洋工业的方方面面进行深入的跨学科研究。从海洋科学院和海洋工学院毕业的学生可以进一步在海洋科学与技术研究生院进修以掌握更多的知识和技能。东京海洋大学与29个国家和地区的81所大学达成了学术、教育交流及合作协议，并与其中的某些大学签订了学生交流合同。

↑东京海洋大学校园一角

海洋科学院旨在通过加深人类对海洋的理解来可持续地利用海洋生物资源，合理有效地保护海洋环境，确保海洋能安全地为人类提供食品，并不断开发水产品的新用途。学院下设海洋科学系、海洋生物科学系、海洋

食品科学技术研究系等机构。海洋科学系不仅教授与海洋学相关的基础学科知识，还十分重视讲授海洋环境保护与治理的科技知识课程。其主要研究方向是海洋生物、海洋环境化学、物理与环境建模、大洋环境技术。海洋生物科学系针对海洋生物资源的培养和繁殖进行教学，主要研究方向是水产生物学和水产学。海洋食品科学技术研究系主要涉及提高海洋食品安全、研发新型海洋食品方面的研究。此外，学院还配有4艘实习船为近岸、远洋考察之用，和水产科学博物馆，放射性同位素实验室，电子显微实验室，色谱分析实验室以及相关设施。

海洋工学院致力于培养掌握丰富海洋知识和海运科技的专家，下设的学科有海事系统工程、海洋电子机械工程、物流与信息工程。该学院拥有世界最大规模的船雷达。

↑东京海洋大学“海鹰丸”练习船

俄罗斯国立海洋大学

名校名片

名称： 俄罗斯国立海洋大学

建校时间： 1876年

所在地： 俄罗斯圣彼得堡市

机构设置： 船舶驾驶培训学院、国际运输管理学院、海事工程学院、机电学院、无线电学院、北极军事教育学院、海事学院等

俄罗斯国立海洋大学最初是圣彼得堡的一个河流海洋俱乐部。在百余年的历史中，该大学逐渐成为世界上最大的海运专家培训中心，先后有一大批知名科学家和优秀海员在这里工作。该大学是俄罗斯第一所、也是目前唯一一所在核能源船只方面培养专家的高等学府。该大学的学位得到国际海事组织等多个国际组织的官方认证，受到国际专家的一致认可。学校积极开展国际合作，并为中国、德国、伊朗、古巴、波兰等多个国家培养了大量海洋人才。

↑俄罗斯国立海洋大学校园一角

北极军事教育学院是该校历史最悠久的学院之一， 著名科学家施密特是建院元老之一。

海事学院主要提供海运驾驶，船上发电设备的操作，船舶航行组织和管理等方面的培训。学生可以在俄罗斯水道测量局专家的指导下进行实践训练。

国际运输管理学院是俄罗斯最早的海运管理学院，提供多模式的海事运输、海运物流、海运管理、对外贸易、海运政策等方面的培训。其毕业生多从事海运业务、码头业务、海运经纪人、对外贸易运输等工作。

哥德堡大学

名校名片

名称：哥德堡大学

建校时间：1891年

主校区所在地：瑞典哥德堡市

机构设置：商业学院、经济学与法律学院、艺术学院、信息技术学院、理学院、社会科学学院、文学院、教育学院

哥德堡大学在20世纪50年代进入飞速发展期，如今已成为瑞典第二大规模的综合性大学，也是斯堪的纳维亚地区最大的大学之一。该大学几乎覆盖了所有的学科，是瑞典设置专业最广泛的大学，也是深受瑞典学生青睐的大学之一。在当前世界的热点研究中，哥德堡大学具有顶尖的科研能力，与众多国内外知名大学和社会工商业界一直保持长久的合作。1993年，哥德堡大学签订了《哥白尼宪章》，成为世界上首批走教育可持续发展道路的绿色大学。其理学院下设细胞与分子生物系、化学系、保护系、地球科学系、海洋生态系、数学科学系、物理系、植物与环境科学系、动物系以及斯万·勒文海洋科学中心。

↑哥德堡大学一角

海洋生态系在海洋化学生态、海洋生物进化、海洋生物理论、底栖生物的种群及生态环境方面的研究处于国际领先水平，其在远洋生态和海洋生物保护方面的研究更是获得了世界的认可，研究课题主要是海洋生物和海洋生态。

斯万·勒文海洋科学中心是以瑞典海洋动物学的鼻祖斯万·勒文的名字命名的，聚集了来自哥德堡大学和瑞典皇家科学院的众多专家学者，拥有3艘设备精良的考察船、众多小型船只和两个研究基地，是瑞典最大的海洋科研与教学中心，拥有欧洲最现代化的海洋科学实验室。其研究范围十分广泛，包括海洋生态学、海洋动物学、海洋化学等，最近还加入了大范围生态系统在分子和基因水平上的研究。

↑斯万·勒文海洋科学中心水下机器人

斯万·勒文（1809–1895）是瑞典海洋动物学的鼻祖，1840年成为瑞典皇家科学院成员，1841年被任命为国家自然历史博物馆无脊椎动物部主任。1870～1892年，勒文投身海洋棘皮动物（尤其是海胆）的研究并兴建了克里斯汀堡动物学研究基地，也就是后来的克里斯汀堡海洋研究基地。勒文因在软体动物的胚胎发育及幼虫期的研究而享誉世界（软体动物的幼虫期即担轮幼体，有时也被称为勒文幼体）。1837年，勒文到达斯匹茨卑尔根，成为瑞典第一位到极地地区进行科考的科学家。

著名研究机构

Well-Known Ocean Institutions

大海到底有多深？海里生活着什么生物，蕴藏着什么样的宝藏？……这些疑问激发了各国科学家探索海洋奥秘的兴趣，新的发现、发明如深海多金属结核的发现、深海潜水器的发明等层出不穷。这都要归功于世界各国致力于海洋研究的科研机构。

拉蒙特·多尔蒂地球观测所*

机构名片

Lamont-Doherty Earth Observatory
COLUMBIA UNIVERSITY | EARTH INSTITUTE

名称：拉蒙特·多尔蒂地球观测所

成立时间：1949年

前身：拉蒙特地质研究所

所在地：美国纽约市巴里塞德斯

机构性质：隶属于美国哥伦比亚大学，为哥伦比亚大学地质研究所的主要组成部分

拉蒙特·多尔蒂地球观测所最初是拉蒙特将其家庭的周末度假别墅于1949年捐献给哥伦比亚大学而成立的拉蒙特地质研究所，1969年因接受多尔蒂慈善基金会的捐助而更名为拉蒙特·多尔蒂地质观测所，1993年改为现名。该所设有生物学与古环境、

↑哥伦比亚大学校园一角

* 按机构所在国家英文名称首字母排序

地球化学、海洋地质学与地球物理学、海洋与气候物理学、地震学地质学与构造物理学5个研究室；遥感成像分析、树木年轮研究等3个实验室。

↑拉蒙特·多尔蒂地球观测所样本库

研究成果如下：

首次提供确切的证据来支持板块构造学说和大陆漂移学说。

首先解释大尺度海洋环流系统在气候突变中的作用。

首次提供证据表明地球内核的准确自旋速度比地球的其他部分快。

首次成功预测极端天气与厄尔尼诺事件有关联。

研发出第一台地震仪，并对月球的结构和地壳活动进行了早期的分析。

首次系统研究绘制出全球海底地形图。

尤因（1906–1974），美国地球物理学家、海洋地质学家，拉蒙特地质研究所的创始人、所长，最早应用地震技术探查大陆架的人。他将地球物理（特别是地震）技术应用到洋底研究中，在大洋地壳的结构和厚度、大洋中脊、深海平原、海底沉积物和浊流研究等方面都有重要贡献。1935年，他在美国东部陆架首次进行海洋地震测量；20世纪40年代早期，他在美国伍兹霍尔海洋研究所研究声在水下的长距离传播，为海军建立起一套供水下长距离监听、侦测用的声学定位与测距系统；提出地震活动与中脊裂谷有关，洋底扩张具全球规模和幂次性等论点。他曾从4个国家的大学获得10个名誉称号，得到8个国家的研究机构和学会的26个奖章和奖状。

↑尤因

斯克里普斯海洋研究所

机构名片

名称：斯克里普斯海洋研究所

成立时间：1903年

所在地：美国加利福尼亚州拉霍亚

机构性质：美国太平洋海岸的综合性海洋科学研究机构

斯克里普斯海洋研究所是世界上最重要的集海洋与地球科学研究、教育与公共服务于一体的中心之一，开展海洋与地球的物理、化学、生物、地质和地球物理方面的研究。该所是在慈善家的资助下由加利福尼亚大学动物学教授W·E·里特创建，原名为圣迭戈海洋生物协会。1912年归属加利福尼亚大学，易名为斯克里普斯生物学研究所。1925年改为现名。该所设有海洋地质、海洋生物和大洋3个研究部，海洋物理、能见度和生理研究3个实验室，还有海岸研究中心、海洋生命研究组以及供博士

学位教学用的研究生院。拥有多用途的岸上和船上计算机系统、海洋专业图书馆、“深海钻探计划”岩芯总库和供免费参观的水族馆以及4艘考察船、1个研究平台。该所的研究课题涉及海-气相互作用、深海多金属结核的形成及其开采以及包括板块构造和海底扩张在内的大洋地质演化史、气候预报和空间海洋学的研究等300多项，已与60多个国家开展相关合作。

杰出的挪威海洋学家、海洋学经典著作《海洋》的作者斯韦尔德鲁普曾于1936～1948年任该所所长。

中国物理海洋学的奠基人之一毛汉礼曾于1947～1951年在该所进修海洋学，获硕士和博士学位，并于1951～1954年任该所副研究员；中国海藻学的奠基人曾呈奎曾于1947～1949年在该所任副研究员；中国著名的海洋物理学家赫崇本也曾于1948年在该所工作。

2009年5月，乘坐“亚特兰大”号航天飞机对哈勃望远镜进行修复的女宇航员梅根·麦克亚瑟毕业于该所。

该所主持和参加了深海钻探计划，硕果累累，向世人展示了海洋的历史、古环境、古气候、古生物的演化，验证了海底扩张学说的正确性。

该所提出了有划时代意义的波浪预报方式。

该所发现了赤道潜流。

“菲利普”号

“菲利普”号是世界上唯一的竖立船，由美国海军研究局出资、俄勒冈州波特兰的古德逊兄弟工程公司于1962年6月建成，主要用于研究浪高、声学信号、水温与密度以及气象数据的收集。该船长108米，重711吨，船上有船员5人，还可容纳11名科研工作者在无补给的情况下独立运行1个月。为避免干扰声学仪器，“菲利普”号没有动力设备，需有船拖到既定海域。“菲利普”号工作时，压载舱慢慢充满海水，船尾下沉，船头翘起，整个船直立在水中，只有17米长的船头在海面之上。考察结束时，压缩空气将压载舱中的水排出，船就会慢慢浮出水面。因此，“菲利普”号经常被误认为是倾覆的远洋运输船。

伍兹霍尔海洋研究所

机构名片

名称：伍兹霍尔海洋研究所

成立时间：1930年

总部所在地：美国马萨诸塞州伍兹霍尔

机构性质：美国大西洋海岸的综合性海洋科学研究机构，一所私立的、非营利性的、致力于海洋科学前沿研究与高等教育的机构

伍兹霍尔海洋研究所是美国科学院根据海洋生物学家比奇洛（该所第一任所长）的报告、在洛克菲勒基金会和卡耐基基金会的资助下成立的。该所拥有沿海海洋、深海探测、海洋与气候变化、海洋生物4个跨学科的海洋研究所，应用海洋物理学与工程、生物、地质与地球物理学、海洋化学与地球化学、物理海洋学5个研究室，海

↑海底地震仪

洋政策、海洋哺乳动物、海洋与人类健康、海洋海底与海洋段观测系统4个研究中心。建所以来，共有19艘考察船在该研究所服务。20世纪60年代末，该所开设颁授海洋学博士学位的研究生课程，前期课程限于自然科学，后与马萨诸塞州理工学院、哈佛大学等合作增设海洋政策和管理等方面的课程。雷德菲尔德、艾斯林、富格列斯特、斯托梅尔，都曾经在该所工作过。

该所在水下运载技术领域具有全球领先水平。拥有的“阿尔文”号深潜器，被国际海洋界公认为是最先进的载人深潜器之一。

在海洋生物研究，北大西洋洋流、墨西哥湾流与西部边界流以及大涡旋的研究等方面取得了重大成果。

积极参与国际印度洋考察、国际海洋考察等国际海洋科学考活动，研究课题广泛，涉及海洋基础学科和海洋工程各个方面。

该所发现了海底热液和海底“黑烟囱”。

“阿尔文”号载人深潜器，1964年6月5日下水，是目前世界上最著名的深海考察工具，归美国海军所有，由伍兹霍尔海洋研究所运行管理。“阿尔文”号长7.7米，宽2.6米，高3.9米，可在高低不平的海底表面任意移动，可在水中自由漂浮，也可停留在海底完成科学和工程任务，同时可以进行摄像与拍照。它的下潜一般可持续6～10小时，目前的最大下潜深度为4 500米，可到达全球约63%的海底，有效载荷为453吨，最大航速为2节，可容纳3人。1977年，“阿尔文”号在将近2 500米深处的加拉帕戈斯断裂带首次发现了海底热液和其中的生物群落；1986年，再创业绩，参与了“泰坦尼克”号沉船的搜寻和考察，并因此登上了美国《时代》周刊的封面；2010年，下潜调查“深水地平线”钻井平台；同年4月在墨西哥湾调查因爆炸而导致的漏油事件对深海动物及生态系统的影响。为了使“阿尔文”号能下潜到更深的地方，伍兹霍尔海洋研究所将在2011年对其设备进行总金额达几百万美元的更新。

澳大利亚海洋科学研究所

机构名片

名称：澳大利亚海洋科学研究所

成立时间：1972年

总部所在地：澳大利亚昆士兰州汤斯维尔

机构性质：由澳大利亚政府指派委员会管理、由联邦政府提供资金的独立法定机构

↑水下研究人员

澳大利亚海洋科学研究所是热带海洋科学研究的领军研究机构，在环境与生态、动植物科学领域一直位居世界前列。其宗旨是通过对海洋科学理论和应用技术的研究与创新，实现海洋资源的可持续利用、保护海洋环境，并为政府决策和相关用户提供信息服务与技术支持。其研究机构包括三个科学小组和许多支持部门；研究内容包括沿海地区的红树林环境、沿海地区的近海环境、暗礁系统的模式，中央大堡礁的沙洲海域等。其中，资源保护和生物多样化组是世界浅海生态系统生态学（包括珊瑚和鱼类生物学）的领头军，在海底生物多样化评估方面取得了突出成就；沿海加工组将物理海洋学、生物海洋学以及生物地质化学紧密结合，是红树林和盐碱滩生态学研究的领头军；海洋生物工艺组是海洋天然产品化学、分子生物学和生理学的领头军。

↑澳大利亚海洋科学研究所调查船

该研究所的研究方向为热带海洋生态系统与过程、热带海洋生态系统对全球变化的反应、以热带海洋为基础的工业的可持续发展。

澳大利亚海洋科学研究所位于澳大利亚东部沿海地区，距昆士兰州敦斯维尔港50千米，周围是澳大利亚国家公园和海洋保护区。当初选址时就是考虑到该处离大堡礁的中心区很近，可迅速将标本等拿到实验室进行研究。

↑澳大利亚海洋科学研究所优越的地理位置

贝德福海洋研究所

机构名片

名称：贝德福海洋研究所

成立时间：1962年

所在地：加拿大新斯科舍省哈利法克斯市达特茅斯

机构性质：由加拿大联邦政府矿产与技术勘探部（即现在的自然资源部）创立，集研究、实验、服务于一体的综合性海洋研究机构

贝德福海洋研究所是加拿大联邦政府创立的第一个致力于海洋研究的中心。其宗旨是在加拿大政府授权下进行有针对性的研究，在国家主权、安全、环境保护、海洋健康、航道安全、自然资源（包括渔业、矿产、石油和天然气）的可持续利用等一系列与海洋相关的问题上为政府决策提供建议和帮助。

加拿大联邦政府渔业与海洋部、自然资源部、环境部、国防部都有机构设在贝德福海洋研究所。渔业与海洋部在该所设有多个机构，分别是科学分部，海洋、栖息地与濒危物种分部，信息技术分部，渔业与水产养殖管理分部，加拿大海岸警卫队的技术服务部。其中科学分部最大，下设加拿大海道服务局，海洋科学局，种群生态学局，生态系统研究、战略规划、咨询活动与外展局。自然资源部的加拿大（大西洋）地质勘探分部设在贝德福海洋研究所，其研究集中在海洋与石油地质学、地球物理学、地质化学与地质技术方面。国防部通过其设在该研究所的大西洋路线勘探办公室进行海洋巡视与安全活动。环境部的海洋水质监测局进行水质调查，并在微生物实验室

对水样进行分析，为加拿大贝类水质研究项目提供相关信息。此外，加拿大公共设施与政府服务部负责管理贝德福海洋研究所的一切设备。该所下设生物技术与基因学、加拿大地质勘探、海洋气候与变化三个研究所，每个所下设若干研究室，拥有5艘调查船。

加拿大东部海域的鳕鱼曾是地球上最丰富的资源之一，但20世纪90年代初这个资源几乎崩溃，虽然1993年人们停止了鳕鱼捕捞，但鳕鱼的数量并未恢复。加拿大贝德福德海洋研究所的肯尼斯・弗兰克和同事研究了加拿大联邦政府渔业与海洋部在新斯科舍省大陆架外获得的从浮游生物到鳕鱼长达40年的数据，分析了鳕鱼资源崩溃的原因——海洋生态系统中的连锁反应。 首先，由于过度捕捞，鳕鱼的最佳食物——蟹、小虾和青鱼等的数量就会增加，后者会吃掉大量浮游生物，使浮游生物所吃的藻类浮游植物增加，造成溶解在海水中的营养成分下降。但为何停止捕捞后鳕鱼的数量并未回升呢？一个可能是鳕鱼存量太少，繁殖困难；另一个原因是鳕鱼的幼苗自身也是一种大型浮游生物，平衡已经改变，小鱼小虾等浮游生物的捕食者反而连鳕鱼的幼苗也吃掉了，使剩下的鳕鱼无法恢复到主宰地位。

贝德福海洋研究所破冰船

中国国家海洋局下属研究机构

机构名片

名称： 中国国家海洋局

成立时间： 1964年

总部所在地： 中国北京市

机构性质： 监督管理海域使用和海洋环境保护、依法维护海洋权益、组织海洋科技研究的行政机构

机构设置： 机关部门，包括8个司等；局属单位，包括3个分局、10个中心、4个研究所以及中国海监总队、极地考察办公室和大洋矿产资源开发协会等

下属研究机构1：第一海洋研究所

成立时间：1958年

所 在 地：中国山东省青岛市

机构性质：从事海洋基础研究、应用基础研究和高新技术研究，为海洋管理、公益服务、海洋经济发展及海洋安全提供科技支撑的综合性海洋研究机构

机构设置：8个业务部门、5个国家海洋局重点实验室、专门从事海洋工程勘察设计研究工作的青岛海洋工程勘察设计研究院

主要研究领域：中国近海、邻近大洋和极地海域自然环境要素分布及变化规律，海洋资源与环境地质，海洋灾害发生机理及预测方法，海洋生态环境变化规律，遥感海洋学和海洋信息系统等

↑2007年，俄罗斯希尔绍夫海洋研究所所长访问国家海洋局第一海洋研究所

主要贡献：在国家重大海洋科技项目策划中发挥主导作用，在海洋基础研究、应用研究和公益服务等方面取得了丰硕的成果，获得各类奖励百余项，其中国家级奖励10项、省部级奖励106项。此外，在科技应用方面，不断开拓新的技术服务领域，在石油、交通航运港口、核电等多个行业均作出重要贡献

下属研究机构2：第二海洋研究所

成立时间：1966年

所 在 地：中国浙江省杭州市

机构性质：学科齐全、科技力量雄厚、设备先进的综合型公益性海洋研究机构

机构设置：1个国家重点实验室、3个国家海洋局开放实验室、1个所级重点实验室和海洋工程勘测设计研究中心、检测中心、海洋标准物质中心、海洋科技信息中心等技术服务机构及技术支撑体系

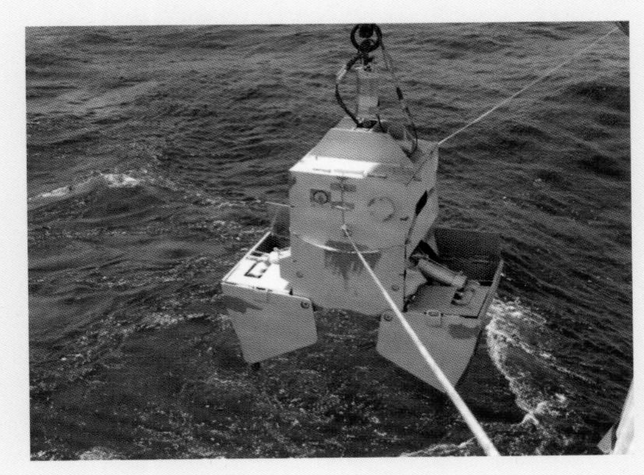

↑深海电视抓斗

主要研究领域：中国海及大洋、极地海洋环境与资源的调查、勘测、预报和应用基础研究

主要贡献：为维护中国的海洋权益、海洋矿产资源开发、海洋工程建设、海洋灾害防御和海洋环境保护等提供科学依据和有效服务；承担了多项国家科技攻关项目、“863”高科技项目、国家自然科学基金项目和部、省级重点科技项目；在开辟南极、南大洋、北极科学考察研究和使中国成为世界上第五个大洋多金属结核资源开发先驱投资者过程中作出了重大贡献

下属研究机构3：第三海洋研究所

成立时间：1959年

1966年1月1日正式划归国家海洋局建制，更名为国家海洋局第三海洋研究所

所 在 地：中国福建省厦门市

机构性质：国家公益类综合型海洋科学研究机构

机构设置：国家海洋局海洋生物遗传资源重点实验室，国家海洋局海洋–大气化学与全球变化重点实验室，国家海岛规划与保护中心，海洋环境管理与发展战略研究中心，海洋生物与生态实验室，海洋化学与环境监测技术实验室，台湾海峡与热带边缘海海洋动力学实验

室，海洋与海岸地质环境开放实验室，海洋声学与遥感开放实验室，海洋生物资源化学与化工中心等10个实验室（中心），以及厦门海洋工程勘察设计研究院

主要研究领域：海洋生物技术与资源开发、海洋-大气化学与全球变化研究、海洋生态系统与环境保护、台湾海峡与热带边缘海应用海洋学4个领域16个研究方向

↑第三海洋研究所

主要贡献：近5年来，先后承担完成包括国家“863”、“973”、自然科学基金、重大国家专项在内的国家科研项目640多项，科研经费累计达5.3亿元。仅1996年以来，发表论文1 679篇，其中SCI、EI收录300多篇，出版各类专著、大型调查报告近百部，获得国家自然科学奖1项，国家科技进步奖2项，省部级科技进步三等奖以上67项，获得授权专利28项，部分成果达国际先进水平。在国际上率先完成了对虾白斑综合症病毒基因组序列测定，该项工作分别于1999和2000年被评为中国十大科技基础性工作和十大科技进展新闻之一，国际权威杂志*Nature*给予连续追踪报道

除介绍的3个海洋研究所外，国家海洋局还设有多个中心，如国家海洋技术中心、国家海洋环境监测中心、国家海洋环境预报中心与国家海洋信息中心等。

海洋技术中心，也就是原海洋技术研究所，创建于1965年，是国家海洋局的公益性事业单位。它的主要职能和基本任务是对国家海洋技术实施业务管理，为国家海洋规划、管理、能力建设和公益服务提供技术保障与技术支撑。

国家海洋环境监测中心1959年创建于大连，是国家海洋局直属的国家级业务中心，主要肩负中国海洋环境监测、海域使用动态监测的业务组织与管理。

国家海洋环境预报中心的前身为国家海洋局海洋水文气象预报总台，1965年成立于北京，专门从事海洋环境预报、海洋灾害预报和警报、科学研究和咨询服务。

国家海洋信息中心1989年成立于天津，主要职能是管理国家海洋信息资源，指导、协调中国海洋信息化业务工作，为海洋经济、海洋管理、公益服务和海洋安全提供海洋信息的业务保障、技术支撑与服务。

中国水产科学研究院

机构名片

名称：中国水产科学研究院

成立时间：1978年

总部所在地：中国北京市

机构性质：中国国家级的水产科学研究机构

作为国家级的水产科研机构，中国水产科学研究院担负着全国渔业重大基础及应用研究和高新技术产业开发研究的任务，在解决渔业经济建设中的基础性、方向性、全局性、关键性重大科技问题，培养高层次科研人才，开展国内外渔业科技交流与合作等方面发挥着重要作用。研究院已与世界70多个国家和国际组织的有关单位建立了密切的科技、经济合作关系，为100多个国家和地区培训了1 500多名高级水产技术与管理人才。

中国水产科学研究院的科技工作者在解决水产业持续发展中的一系列基础性、关键性技术难题上取得了很多重大成果。其重点学科有渔业资源保护及利用、渔业生态

↑中国水产科学研究院黄海水产研究所

环境、水产生物技术应用、水产遗传育种、水产病害防治、水产养殖技术、水产加工与产物资源利用、水产品质量安全、渔业工程与装备、渔业信息与战略研究。

中国水产科学研究院下设3个海区研究所，分别为黄海水产研究所、东海水产研究所与南海水产研究所，分别是中国面向黄渤海、东海与南海三大海区的国家综合性渔业研究机构。

黄海水产研究所成立于1947年，1949年迁至青岛，在3个海区研究所中成立时间最早。其主要研究领域为海洋生物资源开发与可持续利用研究，包括海洋可捕资源评估与生态系统、海水养殖生态与容纳量、种质资源与工程育种、海水养殖生物疾病控制与病原分子生物学、海洋产物资源与酶工程、海洋渔业环境与生物修复、水产品安全与质量检测、食品工程与营养等。

东海水产研究所1958年成立于上海，其主要研究领域为资源保护及利用、捕捞与渔业工程、远洋与极地渔业资源开发、生态环境评价与保护、生物技术与遗传育种、水产养殖技术、水产品加工与质量安全、渔业信息及战略研究等。

南海水产研究所1953年在广州成立，是中国最早建立的从事热带、亚热带水产科学研究的公益型国家科研机构，其主要研究领域包括水产健康养殖、水产种质资源与遗传育种、水产病害防治、渔业资源保护与利用、水产品加工与综合利用、食品工程与质量安全研究、渔业信息、生物技术、渔业装备与工程技术等。

↑“南锋”号调查船

“南锋”号调查船是中国第一艘自行设计、自行建造、拥有自主知识产权的综合性海洋渔业资源与环境科学调查船。该船总吨位1 537吨，船长66.66米，船宽12.4米，持航60个昼夜，无限航区，最大航速可达14节，具有良好的适航性、抗风浪性、复原性及操纵性，能在远洋各种海况下航行和开展科学调查工作。

中国科学院海洋研究所

机构名片

中国科学院海洋研究所
INSTITUTE OF OCEANOLOGY, CHINESE ACADEMY OF SCIENCES

名称：中国科学院海洋研究所

成立时间：1950年

前身：中国科学院水生生物研究所青岛海洋生物研究室

所在地：中国山东省青岛市

机构性质：从事海洋科学基础研究与高新技术研发的综合性海洋科研机构

中国科学院海洋研究所目前拥有实验海洋生物学、海洋生态与环境科学、海洋环流与波动、海洋地质与环境4个中国科学院重点实验室和海洋生物分类与系统演化实验室；海洋生物技术工程、海洋环境工程、海洋腐蚀与防护3个研究发展中心；胶州湾海洋生态系统国家野外研究站和中国规模最大、亚洲馆藏量最丰富的中国科学院海洋生物标本馆。

作为新中国第一个综合性海洋研究机构，在60年的发展过程中，中国科学院海洋研究所面向国家需求和国际海洋科学前沿，重点在蓝色（海洋）农业优质、高效、持续发展的理论基础与关键技术，海洋环境与生态系统动力过程，海洋环流与浅海动力过程以及大陆边缘地质演化与资源环境效应等领域开展了许多开创性和奠基性工作，培育和造就了许多具有重要影响的海洋科学家，已取得900多项科研成果，为中国国民经济建设、国家安全和海洋科学技术的发展作出了重大贡献。

中国科学院海洋研究所在海水养殖方面作出了突出贡献，开创和引领了中国海水养殖的三次产业浪潮，使中国海水养殖产业一跃成为世界第一。

20世纪50年代，以该所曾呈奎为代表的山东海洋科技工作者对来自日本海等冷水海域的天然海带苗进行了人工移植的科学研究，首先创造了海带夏苗培育法，大幅度提高了海带产量；发明了筏式养殖技术、“陶罐施肥”技术，推动了海带人工养殖在山东全面兴起；50年代后期解决了海带南移的关键技术，使中国海带的总产量大幅度提升，迅速成为世界第一。

20世纪60年代，以该所刘瑞玉为代表的海洋科技工作者培植出人工亲虾，育苗获得成功；80年代初，在众多科研单位的共同努力下，突破了对虾工厂化全人工育苗技术，并在全国沿海及时推广，从根本上改变了中国长期主要依靠捕捞天然虾苗养殖的局面，为对虾养殖产业化奠定了基础；90年代初，成功引进了南美白对虾等新品种，伴随着养殖技术体系的创建，使中国对虾养殖产量跃居世界首位。

1982年，该所张福绥首次从美国引进海湾扇贝，在中国北方海域形成了一个海湾扇贝养殖的新产业，掀起了中国海水养殖业的第三次浪潮。到目前为止，贝类养殖仍是中国海水养殖业的主要品种。中国贝类养殖产量居世界第一。

自成立以来，该研究所同美国、英国、法国、德国、加拿大、俄罗斯、挪威、日本、韩国等20多个国家进行学术交流与合作，与多个世界著名海洋科研机构建立了长期良好的合作

中国科学院海洋研究所标本馆

关系。例如，中日东海物质通量合作和海底地壳热流合作、中美南黄海环流与沉积学合作、中德海南岛海洋生物联合调查和赤潮合作等。

2003年，该所加入“全球海洋联合观测组织”；2004年，该所倡导并成立了“国际海洋生物普查计划中国委员会”；2010年，该所发起的中国首个海洋领域大规模国际合作调查研究计划正式获“气候变化与可预报性”国际科学组织批准；该所是国际科学考察船管理联盟的中国唯一正式成员；该所作为发展中国家和远东地区唯一代表参加全球海洋观测框架计划工作组，对未来10年海洋观测发展框架进行综合、整理和设计等。

“科学三号”考察船是中国在21世纪建造的第一艘海洋科学考察船，主要承担中国近海综合性科学考察任务。该船总长73.3米，型宽10.2米，型深4.6米，满载排水量1 224吨，经济航速14节，最大航速16节，续航力5 000海里，自持力30天。

↑ “科学三号”考察船

中国科学院南海海洋研究所

机构名片

名称： 中国科学院南海海洋研究所

成立时间： 1959年

所在地： 中国广东省广州市

机构性质： 以热带海洋研究为主的综合性海洋研究所

中国科学院南海海洋研究所是中国规模最大的综合性海洋研究机构之一，设有3个中国科学院重点实验室、2个广东省重点实验室和中尺度海洋观测实验室、3个研究室、1个工程中心、6个野外台站。重点研究热带边缘海海洋水圈、地圈、生物圈圈层结构及其相互作用特征与演变规律，探讨其对资源形成和环境变化的控制和影响；发展具有南海特色的热带海洋资源与环境过程理论体系和应用技术。50多年来，该所硕果累累，其中最令人瞩目的就是"南沙群岛及其邻近海区资源环境和权益综合调查研究" 和"热带海洋生物活性物质的利用技术"等。目前南海海洋研究所主持、承担国家"973"、"863"、国家基金项目等200余项，并与40多个国家和地区建立了学术交流与合作关系。

根据中国实施"科技兴海"战略和维护海洋权益的需求，该所以南海区域海洋过程的理论创新为重点，开展海洋矿产资源勘查、海洋生物资源利用、海洋工程环境与军事环境评价和预测等，促进与经济建设和社会可持续发展相关的重大科学问题的研究及成果转化，为发展中国海洋经济和维护海洋权益作出了重大贡献。

↑ 中国科学院南海海洋研究所

取得三项重大科技创新成果：

↑西沙站

在黑潮南海分支影响下的南海北部中尺度环流动力学研究中，形成了南海基本流系认识的新观点，是黑潮南海分支发现25年后的跨越，成为南海中尺度环流动力学理论的基础；对南海北部中尺度动力过程的认识，也有新突破。

热带边缘海地质过程及其油气成藏机制研究的成果丰富了全球变化理论，提升了中国海洋地质科学研究的实验观测模拟和探测技术能力，对进一步深化理解边缘海的形成演化机制，南海油气与水合物资源的潜力、形成机理及其分布特征等具有重要的理论和实际意义。

在热带海洋生物资源的形成机制及其化学生态学效应研究中，取得了一系列创新性研究成果，丰富了海洋生物资源学和生态学理论，提高了中国海洋生物资源利用技术的研究水平，在海洋生物活性物质利用和海水健康养殖方面具有引领和示范作用，推动了中国海洋生物高新技术产业的跨越发展。

2010年1月，美国伍兹霍尔海洋研究所资深研究员、亨利-比奇洛杰出海洋学家讲座教授林间博士对中科院南海海洋研究所进行了交流与访问，此次访问将南海海洋所和伍兹霍尔海洋研究所之间的距离进一步拉近，也加速了南海海洋所迈向世界先进海洋研究机构的进程。

↑美国伍兹霍尔海洋研究所林间教授访问南海海洋研究所

普利茅斯海洋实验室

机构名片

PML | Plymouth Marine Laboratory

名称：普利茅斯海洋实验室

成立时间：1988年

所在地：英国德文郡普利茅斯市

机构性质：具有慈善性质的独立机构

普利茅斯海洋实验室由原英国海洋生物协会实验室与原英国自然环境研究委员会的海洋环境研究所合并而成，下设遥感、生态系统模拟、分子科学、技术研发、社会经济分析等研究组，还拥有两艘调查船。

该实验室有三个研究主题，即生物多样性与生态系统的可持续性、海洋生物地质化学、环境与健康。研究重点是气候变化与可持续发展等全球问题。如监测海水酸化对珊瑚与贝类的影响，并将研究结果告知英国政府，为其决策提供建议和依据；进行藻类养殖，制造生物燃料或用来进行废水处理；研究藻类在护肤品生产中的运用等。

↑普利茅斯海洋实验室调查船

普利茅斯海洋实验室曾提出海水酸化现象，引起世界各国海洋科学家的关注。

由东英吉利亚大学和普利茅斯海洋实验室的9名研究人员组成的国际科学小组携带数吨硫酸铁粉末起航前往南极，以研究能否以硫酸铁为“肥料”促进南极海域海藻等微生物的生长来减缓全球变暖的速度。

法国海洋开发研究院

机构名片

名称： 法国海洋开发研究院

成立时间： 1984年

总部所在地： 法国巴黎市

机构性质： 具有工商业性质的公立机构

Ifremer

科研实力雄厚　研究领域广泛

法国海洋开发研究院由设在法国南特的原海洋渔业科技研究院与设在布雷斯特的原国家海洋开发中心两大海洋研究机构合并而成，在法国的26个城市和海外省均设有研究站，其中包括5个主要研究中心，分别位于布洛涅、布雷斯特、南特、土伦和塔希提岛。法国海洋开发研究院拥有8艘考察船，其中4艘远洋考察船、1艘载人深潜器

↓法国海洋开发研究院一角

“鹦鹉螺”号、1艘用于深海探测的遥控运载器、2艘水下机器人，以及全系列的水产养殖生产与实验设备以及整套的测试用设备。

该研究院制订和协调国家海洋开发计划，审议和决定其下属机构的海洋研究与开发计划，研制用于海洋开发与研究的仪器和设备，参加海洋开发的国际合作计划，促进法国海洋科学应用技术或工业产品的出口。该研究院有许多研究领域在国际上占有优势地位，如近海环境研究、赤潮治理、海洋生态动力学、海洋生物技术、深潜技术与海洋综合管理等。其优先领域为近海环境研究、海洋调查、海洋生物资源利用、海产品加工、海洋工程技术等。

积极对外合作　谋求共同发展

参与欧盟计划（研究局计划、渔业局计划）。

参与欧洲科学基金会海事局计划，同时是地中海渔业委员会、政府间海洋学委员会、奥斯陆巴黎公约等数个相关国际组织的成员。

参与多项国际研究计划（气候、环境与生物多样性研究）。

与中国、美国、加拿大、澳大利亚、日本等20多个国家达成多项双边合作协议。

法国海洋开发研究院的“鹦鹉螺”号载人深潜器于1984年开始服役，长8米，下潜深度为6 000米，可探测世界上97%的洋底，一次在水下停留的时间长达8小时。服役以来，“鹦鹉螺”号已进行了近1 500次深海探测活动。它在水下搜寻方面“大名鼎鼎”，曾于1987年、1993年、1994年、1996年和1998年多次对“泰坦尼克”号沉船进行探测，包括对首次发现“泰坦尼克”号沉船的海底探寻；还多次用于搜寻、找回海上失事飞机的残骸。

↑“鹦鹉螺”号载人深潜器

魏格纳极地与海洋研究所

机构名片

名称： 魏格纳极地与海洋研究所

成立时间： 1980年

总部所在地： 德国不来梅港

机构性质： 德国亥姆霍兹研究联合会成员单位

魏格纳极地与海洋研究所是以德国著名气象学家、地球物理学家阿尔弗雷德·魏格纳的名字命名的，是德国最大的极地研究机构，也是欧洲最大、世界顶尖的极地与海洋研究机构。该所致力于研究极地和海洋领域，是国际领先的海洋和极地气候专业研究中心。

现在的魏格纳极地与海洋研究所是由不来梅港的研究所、赫尔果兰岛的海洋生物研究所和苏尔茨的瓦登海海洋站等单位合并而成。设有地质科学研究部、生物科学研究部、气候科学研究部和基础设施管理部等部门。该研究所在南、北极建有多个考察站与实验室，还拥有著名的“极地之星”号破冰船、“海因克”号科考船等。该研究所在南、北极

↑极地科考

和中高纬度地区的海域进行研究，协调德国的极地研究，并协调国内与国际科学界对“极地之星”号和南、北极观测站等重要基础设施的使用。

该研究所的研究目标是进一步了解海洋–冰–大气之间的相互作用，南、北极的动植物以及极地大陆与海洋的演化。考虑到极地地区在地球气候系统中的主要作用，全球气候变化是研究的重中之重。

研究成果与动态：

“极地之星”号于2010年10月25日开始了其第27次南极科考。本次科考的重点是大气研究、海洋学与生物学，有15个国家的180多名研究者参加，于2011年5月中旬结束。

为深入了解极地气候变化，该研究所宣布来自欧盟10个国家的15个研究所将在基尔港建造具有钻探能力的极地科考破冰船，计划从 2016年起投入南极冬季科考。

在解决海水的酸化问题方面，该所和汉堡大学的研究者联合撰文称，人为加快橄榄石的风化会清除大气中的二氧化碳、减少海水酸化。

在南极冬季，南大洋被冰层覆盖，科考船无法前行。魏格纳极地与海洋研究所的科学家在14头雄性南方象海豹身上安装了卫星定位传感器，以便能够一年不间断地接收到南方象海豹回传的信息。这些信息不仅包括南方象海豹漫游的具体位置、下潜深度，还包括它们所在海域的温度、盐度等。象海豹身上的卫星传感器会将采集到的信息自动传送给卫星，然后经卫星转发到德国不来梅港海洋学家的办公电脑上。科学家由此可以查明什么样的海洋条件以及什么时间和海域能够为南方象海豹提供大量的食物供应。科学家们把这些南方象海豹称为真正的“科研先锋”。

↑魏格纳极地与海洋研究所“雇用”南方象海豹充当科研助手

日本海洋-地球科学技术署

机构名片

名称： 日本海洋-地球科学技术署

成立时间： 2004年

前身： 1971年成立的日本海洋科学技术中心

总部所在地： 日本横须贺

机构性质： 从事海洋及相关技术的综合研究机构，日本海洋科学技术研究与发展机构的核心

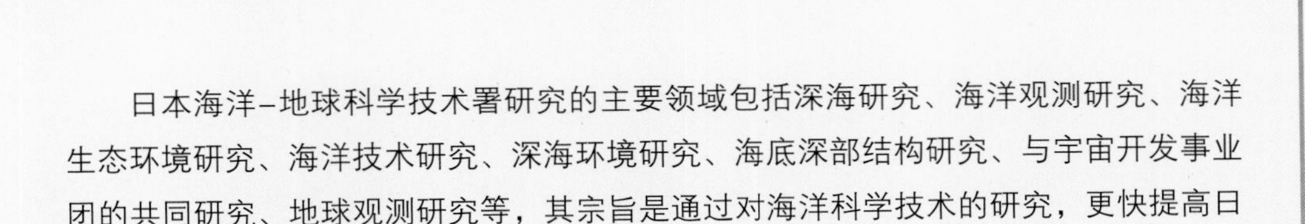

日本海洋-地球科学技术署研究的主要领域包括深海研究、海洋观测研究、海洋生态环境研究、海洋技术研究、深海环境研究、海底深部结构研究、与宇宙开发事业团的共同研究、地球观测研究等，其宗旨是通过对海洋科学技术的研究，更快提高日本的海洋科学技术水平。

研发实力名列前茅

具有研制各种潜水器的能力，已成功研制三大类潜水器，即无人缆控潜水器、载人潜水器和无缆自治潜水器；拥有日本大部分的潜水器，其中的载人潜水器是目前世界上5艘载人潜水器之一。

研制的无人缆控潜水器，最大下潜深度可达11 000米，是目前世界上下潜最深的潜水器。

研制的无人驾驶深海巡航探测器，在3 000米深的海洋中行驶了3 518米，创造了世界纪录。

研制的世界上第一艘电池动力深海探测艇，能够下潜到3 500米深的水下，水下续航能力达300千米。

设立深海生物风险中心，开发深海微生物实验系统，其中包括地壳岩芯标本的防止微生物污染技术、地壳岩芯及岩石标本的微生物解析法、微生物分离法和培养法等技术。

深海研究举世瞩目

1984年，该机构研究人员在距东京不远的相模滩1 200米海底处发现热液喷孔生物群落，其中有管状蠕虫及蜗牛、贝纲、甲壳纲、多毛纲、海葵目等多种生物。

该机构在相模滩及日本列岛附近的日本海沟等处，发现“冷水涌出带生物群落”。到目前为止，在日本列岛周围海底，已发现18处冷水涌出带生物群落和13处热液喷孔生物群落。

1996年，在马里亚纳海沟查林杰海渊水深约10 898米处采到海底泥沙的标本，从中分离出大约3 000株微生物，并发现新的微生物种类，如能在1 000个大气压下生存的超喜压性细菌、超好热性细菌、可制造有用酶的蛋白质分解酶及新的糖质分解酶的微生物等。

↑CHIKYU号钻井船

挪威海洋研究所

机构名片

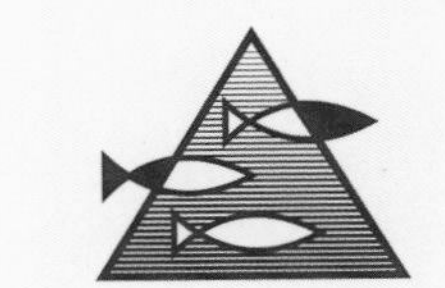

名称： 挪威海洋研究所

成立时间： 1864年

前身： 创立于奥斯陆的挪威渔业调查所

总部所在地： 挪威卑尔根

机构性质： 隶属于渔业和沿海事务部的国家级咨询研究机构

挪威海洋研究所是挪威的首要渔业研究组织，也是欧洲第二大海洋研究所，其海水养殖、海事研究均处于世界领先水平。该研究所设有19个跨学科研究团队，1个部，3个研究站与5艘大型科考船；主要任务是在白令海、挪威海、北海与挪威沿海地

↓挪威卑尔根风光

区的生态系统、渔业等方面为政府提供意见和建议，确保挪威海洋资源的可持续利用。其研究领域包括巴伦支海生态系统与鱼类资源、挪威海和北海生态系统与鱼类资源、挪威沿海地区生态系统、海洋地理与气候、海洋环境质量、渔业与鱼类资源、海洋基因组等。南森 、约尔特、桑德等著名学者都曾在挪威海洋研究所工作过。

水产资源学的鼻祖乔安·约尔特（1869−1948），是挪威渔业科学家和海洋学家，1900～1916年担任挪威海洋研究所所长，也是当时最杰出、最有影响力的海洋动物学家之一。1912年与约翰·莫里爵士合著的《海洋深处》一书，成为海洋博物学家和海洋学家的经典著作；1914年，发表《北欧渔业的波动》一文，首次在该领域运用估计鱼类样本年龄的测量技术和精算的统计方法研究鱼类在数量上出现巨大波动的原因，成为水产资源学上划时代的文献；1924年，发明了从鲸脂中提取鲸油的机械装置。乔安·约尔特还是国际海洋考察理事会的奠基人之一，并于1938～1948年担任该理事会主席。为纪念他为世界海洋事业所作的贡献，许多事物以他的名字来命名，如挪威海洋研究所有三艘调查船名为“乔安·约尔特”号，有一种小型的深海鞭乌贼叫“约尔特鞭乌贼”，有一种稀有的宽咽鱼叫做“约尔特囊鳃鳗”，澳大利亚海域有一条“约尔特海沟”，南极洲有一山脉叫做“约尔特山”，还有“约尔特成熟指数”等。

↑乔安·约尔特（左）与他的朋友

希尔绍夫海洋研究所

机构名片

名称：希尔绍夫海洋研究所

成立时间：1946年

总部所在地：俄罗斯莫斯科

希尔绍夫海洋研究所是为纪念著名科学家希尔绍夫而由苏联科学院海洋研究所改名而来的，是俄罗斯目前规模最大、设备最新、技术实力最雄厚的综合性海洋研究机构。该所设有大西洋分所、南方分所、西北分所、圣彼得堡分所和里海分所5个分所，下辖28个研究室和若干研究组，从事海洋物理学、海洋化学、海洋地质学、海洋

↑希尔绍夫海洋研究所

地球物理学、海洋生物学以及观测技术的综合研究。该所拥有下潜深度超过4 000米水深的载人潜水器2台（全世界共5台），即“和平一”号与“和平二”号；还拥有庞大的海洋调查船队。其宗旨是对世界海洋和俄罗斯海域的物理、化学、生物和地质过程进行观察研究，为地球气候变化的预测、理性使用海洋资源提供科学依据。

希尔绍夫海洋研究所的海洋探险、科研活动覆盖了地球上所有的海洋和大部分海底盆地，发现了大洋中尺度涡，确定了大洋生物分布的基本规律，发展了全球海洋与潮汐的数值模式、全球海-气相互作用的数值模式和海洋生物群落作用的数学模式，广泛调查了太平洋、大西洋、印度洋以及南、北极海域洋底多金属结核矿、金属软泥及稀有元素的分布，充实了岩石圈运动的理论，改进了水下观测技术等。

“和平一”号与“和平二”号是1987年建成的两艘6 000米级的深潜器，带有12套检测深海环境参数和海底地貌的设备，可在水下停留17～20个小时。20多年来，两艘“和平”号载人深潜器在太平洋、印度洋、大西洋和北极海底进行了上千次的科学考察，包括对海底热液硫化物矿床、深海生物及浮游生物的调查和取样，大洋中脊水温场的测量，失事核潜艇“共青团员”号核辐射检测等。2007年8月2日，它们相继抵达北极点，这也是人类首次抵达北冰洋洋底。其搭载的科学家在那里插上了一面高1米、能保存100年左右的钛合金俄罗斯国旗，使这两艘载人深潜器再次引起世人瞩目。2009年8月1日，俄罗斯总理普京乘坐“和平一”号潜到贝加尔湖水面以下1 400米处，以接触湖底的新能源——“可燃冰”。此外，这两艘深潜器还“不务正业”，曾协助拍摄电影《泰坦尼克号》（“泰坦尼克”号沉没在3 821米水深的海底）、电影纪录片《深渊幽灵》以及纪录片《发现“俾斯麦”号》（“俾斯麦”号战舰沉没在4 700米水深的海底）。

↑“和平”号载人深潜器

海洋科教名人

Celebrated Figures

面对一望无际的大海，你是否感觉到它的神奇？面对波涛汹涌的海浪，你是否惊讶于它的壮观？面对时涨时落的潮汐，你是否感叹它的力量？海洋就是这样令人神往。自古以来，一批又一批的科学家致力于探索海洋的奥妙、挖掘海洋的宝藏，并在一次又一次的探索中加深了人类对海洋的认识。饱览海洋科学家的风采，从这里开始……

文圣常——中国海浪研究的先驱*

大海是波浪的舞台，海浪是大海的脉搏。伫立在海边，望着汹涌澎湃的海浪，你是否也惊讶于海浪的神奇力量？有一位科学家用了50多年的时光撩开了海浪的神秘面纱。他就是中国物理海洋学主要奠基人、中国海浪研究开拓者之一的文圣常。

名家名片

姓名： 文圣常（1921– ）

国籍： 中国

职务： 中国海洋大学教授，曾任中国海洋研究科学委员会主席、世界洋流试验计划中国委员会副主席等

荣誉： 中国科学院院士

辛勤耕耘五十载 海浪研究谱新章

在国际上较早地将谱概念与能量平衡结合起来研究海浪的成长和变化，得到具有特色的结果。

专著《海浪原理》是世界上第一部海浪理论专著，另一部专著《海浪理论与计算原理》在国内海洋科技界得到广泛引用。

主持研究得到的海浪计算方法编入中国有关国家规范，获“国家科技进步二等奖”。

主持研究得到的“海浪数值预报模式”在国家海洋环境预报部门得到应用，并获1985年中国“国家科技进步三等奖”。

提出的风浪谱获“国家自然科学四等奖”。

* 按姓氏笔画排序

心系教育　淡泊名利

在荣获1999年度“何梁何利基金科学与技术进步奖”后，文圣常一分不留，全部捐给了祖国的教育事业。其中一半（10万元港币和10万元人民币）捐给了他从事教学生涯半个世纪之久的中国海洋大学，用以设立“文苑奖学金”；另一半捐给了河南家乡，用来建造“海洋希望教学楼”。在命名奖学金时，学校领导多次登门，希望他同意以个人的名字命名，他坚辞不受，最后定名为“文苑奖学金”，寓意同学们在中国海洋大学的知识殿堂里努力学习科学文化知识。

2009年，文圣常获得“青岛市科学技术最高奖”，他将50万元奖金全部捐献给中国海洋大学。其中归个人使用的20万元，捐给了“文苑奖学金”；用于科研工作的30万元，捐供“本科生研究训练计划”使用，并请学校不要提自己的名字。

↑文苑楼

Link

文圣常本科就读的是中国武汉大学机械系，毕业后先后被安排到航委会空运103中队等单位工作。他结缘海浪纯属偶然。1946年，他乘海轮经太平洋赴美进修。在船上，轮船颠簸得厉害，他惊讶于海浪这种巨大的力量，于是源源不断的灵感便涌入他的脑海。他相信，海洋里蕴藏着巨大的能量，海浪是可以开发利用的！从此以后，他就和大海与海浪结下了不解之缘。

冯士筰——中国风暴潮研究的领头人

中国是风暴潮高发国家之一，风暴潮灾给中国带来许多重大损失。可是直至20世纪70年代，中国对风暴潮的研究还处于空白状态。这时候，他克服重重困难，毅然承担起中国的风暴潮研究，成为风暴潮研究的领头人。他就是冯士筰。

名家名片

姓名： 冯士筰（1937－ ）

国籍： 中国

职务： 中国海洋大学教授

荣誉： 中国科学院院士

主要成就：

撰写了世界上第一部系统论述风暴潮机制和预报的专著——《风暴潮导论》，为中国物理海洋、海洋气象、海洋工程以及相关学科的研究生提供了第一部风暴潮系统教材。

进行了两次环渤海实地考察，获得了中国第一批关于风暴潮灾的珍贵资料。

在实地考察资料的基础上，与合作者成功研制了先进的风暴潮经验预报方法，并系统论述了风暴潮的概念、理论和数值预报的力学模型，建立了独特的超浅海风暴潮理论。

主持完成了国家“七五”和“八五”重点科技攻关课题中的风暴潮专题，为中国风暴潮数值预报的发展作出了突出贡献，使中国风暴潮研究进入世界领先行列。

建立的近海和河口拉氏环流理论，为近海污染物物理自净、悬浮质输运、海洋环境预测和近海生态系统动力学等诸多方面研究提供了海洋环境流体动力学基础。

导出了一个全新的长期物质输运方程，得到国内外同行的重视，被美国《空气动力学、流体力学和水利学进展》评为这一方面研究的“重要进展”。

主持编写的海洋科学基础教材《海洋科学导论》已成为中国所有涉海专业的入门经典，并以繁体字在中国台湾地区出版。

作为中国首席科学家与德国汉堡大学海洋研究所开展双边合作项目，成果丰硕，并在国际重要学术期刊《海洋系统》上发表专辑，被德国政府誉为“成功合作的典范”。

在青岛海洋大学（现中国海洋大学）物理海洋研究所建立了浅海动力学研究室，为学校开辟了物理海洋学的一个新分支——浅海动力学，创建了中国首个环境海洋学博士点。

↑风暴潮

Link

↑风暴潮

风暴潮是由强风和气压骤变（高潮水位）共同引起的海面异常升高现象，是发生在海洋沿岸的一种严重自然灾害。风暴潮产生的潮流和巨浪相结合，不仅会迅速席卷内陆地区，摧毁建筑，淹没农田，切断人们的逃生路线，而且会颠覆狭窄港口中的船只，甚至会造成巨大的洪灾。中国是风暴潮高发国家之一，从历史资料看，几乎每隔三四年就会发生一次特大的风暴潮灾。1922年8月2日，强台风风暴潮袭击中国汕头地区，造成7万余人丧生；1990年4月5日发生在渤海的一次温带风暴潮，海水涌入内陆近30米。

苏纪兰——中国著名物理海洋学家

为了祖国的海洋事业，他毅然放弃了优越的国外条件，因为他知道“大陆才是我的根”。75岁高龄的他依然为大海奔走，对大海怀有深沉的爱。他就是中国著名物理海洋学家苏纪兰。

名家名片

姓名： 苏纪兰（1935-　）

国籍： 中国

职务： 国家海洋局第二海洋研究所名誉所长，卫星海洋环境动力学国家重点实验室研究员，中国海洋学会名誉理事长等

荣誉： 中国科学院院士

主要成就：

首次提出长江冲淡水次级锋面概念及其对杭州湾悬浮质输运的重要影响，为河口整治、综合开发、环境保护等提供了科学依据。

杭州湾大桥

作为中方首席科学家主持为期7年的“中日黑潮合作调查研究”，揭开了黑潮对中国海洋环境的影响之谜，把对黑潮的研究提高到一个新的水平。

对黑潮的研究论证了黄海暖流冬季主要受风驱动，因而夏季此暖流甚弱。

论证了黑潮南海分支非直接来自黑潮及其动力成因，以及南海暖流与台湾暖流的关系等。

对长江口和杭州湾进行了系统研究，通过对“中美长江口沉积作用过程”合作项目（新中国成立后中美两国海洋学家开展的首次合作）的研究和对水文及泥沙历史资料的分析，发现了潮流的不对称性对长江口最大混浊带形成的重要作用。

黑潮是太平洋洋流的一环，为全球第二大洋流，仅次于墨西哥湾暖流。黑潮将来自热带的温暖海水带往寒冷的北极海域，将冰冷的极地海水温暖成适合生命生存的温度。将其称为黑潮是因为它比其他正常的海水颜色深，这是由于黑潮内所含的杂质和营养盐较少，阳光穿透过水的表面后，较少被反射回水面。黑潮的流速相当快，可提供给洄游性鱼类一个快速便捷的路径向北方前进，所以黑潮流域中可捕捉到为数可观的洄游性鱼类及其他受这些鱼类所吸引而过来觅食的大型鱼类。这股强大的暖流对中国和日本的航海、气候、渔业生产以及海洋环境均有影响。

汪品先——中国古海洋学的开拓者

汪品先是一位著名的海洋地质学家，长期从事海洋微体古生物与古海洋学的研究。他用渊博的知识、风趣的语言，向我们揭示了鲜为人知的深海生物圈。

名家名片

姓名： 汪品先（1936– ）

国籍： 中国

职务： 国际海洋联合会副主席，中国海洋研究科学委员会主席，中国科学院地学部副主任，教育部科技委地学部主任

荣誉： 中国科学院院士

主要成就：

以西太平洋边缘海第四纪为重点进行古海洋学研究，发现晚第四纪冰期旋回中表层海水温度异常，为中国的古海洋学研究作出了开拓性贡献。

首次揭示了中国各海区沉积中钙质微体化石的分布格局及其控制因素，对中国海区环境演变研究作出了贡献，并主持完成中国第一口海上石油探井的微体古生物分析。

组织发起“亚洲海洋地质国际会议”系列，先后组织政府间海洋委员会“西太平洋古地理图”工作组、国际海洋科学委员会“亚洲季风演变的海洋记录”工作组和国际古全球变化计划的“全球季风”工作组，促进了中国海洋地质和古气候学的国际交流与影响。

作为两名首席科学家之一，成功地主持了1999年春在南海中国海区进行的首次国际大洋钻探计划中的深海科学钻探（南海ODP184航次）。这是中国海的首次大洋钻探航次，也是第一次由中国人设计和主持的大洋钻探航次。南海大洋钻探和航次后的研究，使南海成为研究亚洲古季风的中心，也促使中国进入深海研究的国际行列。

发现了大洋碳循环的长周期，提出了地球表层系统变化中的“双重驱动”机制，率先在地质记录里开展全球季风的研究，在气候演变的热带驱动与大洋碳循环方面取得原创性的理论研究成果获得国内外学术界的高度评价和肯定，被欧洲地学联盟授予“米兰科维奇奖章”。

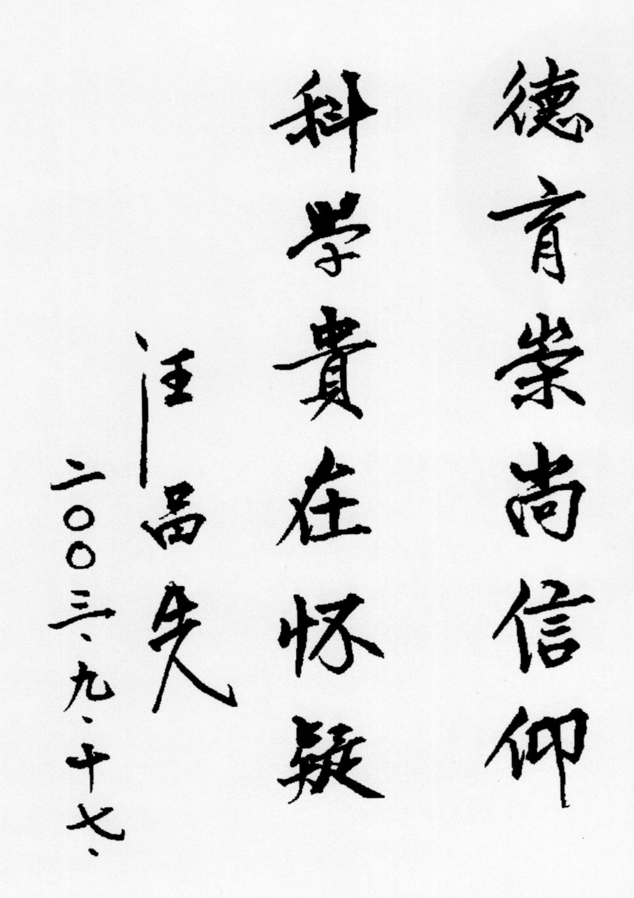

唐启升——“蓝色国土”的耕耘者

唐启升，一位晕船的海洋学家，却为了中国的海洋事业在海上拼搏了将近半个世纪。他一直在努力让海洋为人类提供更多的食品，是中国海洋生态系统动力学和大海洋生态系统研究的主要奠基人。

名家名片

姓名： 唐启升（1943- ）

国籍： 中国

职务： 中国水产科学研究院黄海水产研究所研究员、名誉所长

荣誉： 中国工程院院士

主要成就：

率先从整体水平上开展黄海渔业生态系的资源与管理研究，推动了大海洋生态系概念在全球的发展。

发展了中国大海洋生态系和海洋生态系统动力学研究，为中国海洋生物资源可持续开发利用研究进入世界先进行列作出了突出贡献。

系统研究了海洋渔业生物学，发展了不同环境条件下亲体与补充量关系理论模式，首次将环境影响因子引入模式定量研究，被国际同行誉为“代表了渔业科学一个重要领域新的、有用的贡献”。

出版了中国第一部《海洋渔业生物学》专著，建立了具有中国特色的新学科体系。

领导团队创建了海湾系统多参数养殖容量评估指标与模型，提出了多项浅海多元立体生态养殖和内湾规模化养殖实用技术，成果在示范区累计增加产值9.2亿元，上缴利税4.5亿元。

首次将中国海洋生态系统与生物资源变动的研究深入到过程与机制水平，构建了中国近海生态系统动力学理论体系，形成了对浅海生态系统生物生产受多控制因素综合作用的新认识。

对中国专属经济区和大陆架海洋生物资源及其栖息环境的调查与评估成果丰硕，为维护海洋渔业权益和加强管理提供了重要的科学依据。

Link

发展低碳经济越来越受到各国政府的重视，因为它是应对气候和环境问题的最佳发展模式。唐启升提出："发展碳汇渔业是一项一举多赢的事业，它不仅为百姓提供了更多的优质蛋白，保障了食物安全，同时，对减排二氧化碳和缓解水域富营养化有重要贡献。"

曾呈奎——中国海藻学的奠基人

你喜欢吃海带和紫菜吗？究竟是谁为我们的饭桌增添了这两种物美价廉的美味？又是谁使中国的海带人工养殖产量跃居世界第一？他是中国海洋科学主要开拓者之一、海藻学研究和海藻化学工业的奠基人、被誉为“中国海带之父”的曾呈奎。

名家名片

姓名： 曾呈奎（1909—2005）

国籍： 中国

曾任职务： 山东大学植物学系主任和水产系代理主任，中国科学院海洋研究所所长，中国海洋湖沼学会理事长，国际藻类学会主席等

曾获荣誉： 中国科学院资深院士

主要成就：

创造了海带夏苗培育法、陶罐施肥法、海带南移栽培法。这三大技术使中国成为世界上生产海带最多的国家，国外藻类学专家起先怀疑继而赞叹，称“中国栽培海带的神话是真的”。

他带领团队研究紫菜的人工培育技术，找到了紫菜“种子”的来源——紫菜“壳孢子”。“壳孢子”一词由他定名，得到国际藻类学界的普遍承认并沿用至今。这也使得中国的人工栽培紫菜业迅速发展，并成为世界第三大紫菜生产国。澳大利亚的国际知名藻类学家、亚太地区应用藻类学会的乔安娜·琼斯博士评价说：“曾呈奎是藻类学界的一位巨人。”

率队前往西沙群岛进行考察，首次发现并报道了对研究光合生物进化有重要价值的原绿藻；提出了“关于色素、光合作用和光合生物进化的理论设想”，系统论述了光合生物的进化途径，丰富和发展了生物进化论。

提出并倡导海洋水产生产农牧化。在这一理论指导下，中国先后掀起藻类、贝类、虾类和鱼类四大海水养殖浪潮。目前中国已成为海水养殖大国。

创造了利用马尾藻为原料提取“褐藻胶”的方法，推动了中国国内“褐藻胶”的研究和生产。

领导开展了对海藻的生物技术研究，建立了中国第一个海藻基因工程研究实验室。

与中国著名海洋科学家童第周、动物学家张玺共同发起筹建了新中国第一个海洋研究机构——中国科学院海洋研究所（前身为中国科学院水生生物研究所青岛海洋生物研究室）。

进行了海藻资源分类研究，发现了上百个新种、2个新属、1个新科和1门藻类，奠定了中国海藻分类学在国际学术界的地位。

↑紫菜养殖

“曾呈奎海洋科技奖”是中国首个以海洋科学家命名的科技奖项。它面向中国海洋科技工作者以及为中国海洋科学作出突出贡献的外籍专家，旨在继承、开拓和发展曾呈奎先生在海洋科学领域开创的事业，弘扬伟大的科学精神，鼓励广大中青年科技工作者热爱海洋科学事业、勇攀科学高峰。该奖项每两年评审一次，其中突出成就奖2名，每人奖励人民币25万元；青年科技奖5名，每人奖励人民币5万元。

管华诗——中国海洋药物的奠基人

脑血栓、冠心病等疾病正严重危害着人类的健康，如何使人类走出这些疾病的困扰，科学家们绞尽脑汁。有一位科学家却开辟了一条新路，他把目光瞄向了海洋，相继首创研制出一系列海洋药物，揭开了中国海洋药物研究的序幕，也使一门新的学科——现代海洋药物学诞生。他就是管华诗。

名家名片

姓名： 管华诗（1939— ）

国籍： 中国

职务： 中国海洋大学前校长，中国海洋大学教授，国家海洋药物工程技术研究中心主任等

荣誉： 中国工程院院士

主要成就：

20世纪60年代参加了“海藻提碘新工艺的工程化”研究工作。

70年代主持完成“海带提碘联产品——褐藻胶、甘露醇再利用”重大研究课题，研制成功“农业乳化剂”等4个新产品并相继投产，为中国制碘工业的巩固和发展作出了突出贡献。

80年代首创中国第一个现代海洋药物藻酸双酯钠，获得巨大的经济效益和社会效益，带动了中国海洋药物研究的兴起与发展。

90年代又相继成功研制了甘糖酯、海力特和降糖宁散系列海洋药物及生物功能制品并产业化，为中国海洋制药业的兴起、发展作出了基础性贡献。

进入新世纪，系统建立了海洋特征寡糖规模化制备技术体系，并构建了世界第一个海洋糖库。

创建了中国以海洋药物为特色的药学本科专业和国家海洋药物工程技术研究中心，逐步形成了独具特色的海洋药物研究开发、产业化技术体系和高层次人才培养体系。

↑《中华海洋本草》

Link

管华诗、王曙光主编的《中华海洋本草》是国内首部大型海洋药物经典著作，确立了海洋本草在中医药研究领域的学术地位，为海洋天然产物和海洋药物研究提供了翔实的数据信息。《中华海洋本草》的问世，对于中国进一步挖掘中国传统医药理论，指导临床用药，启迪现代海洋药物的研究和开发，具有重大的科学意义和社会经济价值。

赫崇本——中国现代海洋事业的先驱

作为一名中国人，在祖国最需要的时候，他义无反顾；作为一名共产党员，他时刻将党的政策铭记于心；作为一名教师，他树人立新，甘为人梯；作为一名海洋工作者，他将自己的毕生献给了海洋，是中国海洋科学事业的主要奠基人之一。他就是中国现代海洋事业的先驱赫崇本。

名家名片

姓名：赫崇本（1908–1985）

国籍：中国

曾任职务：山东大学教授、海洋学系系主任，山东海洋学院（现中国海洋大学）教务长、副院长，山东海洋学院海洋研究所所长，国务院科学规划委员会大气海洋专业组副组长，国家科委海洋组副组长，国家海洋局顾问，中国海洋与湖沼学会副理事长

著名物理海洋学家

首次系统全面地分析了黄海冷水团的形成、性质、范围及其季节变化，所使用的分析方法对整个浅海水团的研究具有指导意义，开创并推进了中国对水团这一海洋科学基本问题的研究，是中国海洋科学中最经典的发现。

主编的《中国近海水系》是重要的经典文献，首次全面论述了中国近岸海域水团的分布、形成机制和季节变化。

倡导、组织、领导并参与了中国首次大规模全国海洋综合调查。1958年9月～1960年12月在中国近海海域进行的这次海洋调查堪称中国海洋科学史上的空前壮举，为中国探索海洋、开发海洋、保护海洋和发展海洋科学奠定了坚实的基础。

著名海洋科学教育家

在中国首创物理海洋学和海洋气象学专业。

认识到海洋观测和海上调查对海洋人才培养的极端重要性，倡议筹建了中国第一艘2 500吨级的“东方红”号海洋实习调查船。

新中国海洋科学事业的主要推动者

联合其他专家联名建议国务院建立了国家海洋局，使中国的海洋事业有了全国统一的管理机构，有效地统辖了国家海洋事务。

在其倡议推动下，中国国家海洋局海洋仪器研究所（现为海洋技术中心）和山东省海洋仪器仪表研究所相继成立。

通过国家海洋局在中国组织了两次大规模的海洋仪器会战，推进了海洋仪器装备的国产化、系列化、标准化和现代化。

↑中国海洋大学同仁学子捐资所立的赫崇本先生半身石雕像，屹立在他毕生为之奉献的中国海洋大学海洋馆旁

艾伯特一世——热衷海洋科学研究的国王*

摩纳哥国王艾伯特一世是一位令人尊敬的国王，把一生献给了海洋研究，不但建立了以自己的名字命名的海洋基金会，还参加了至少28次海洋科学考察活动，到过世界各大洋，极力倡导海洋科学研究，并建立了世界上最早的海洋博物馆——摩纳哥海洋博物馆。

名家名片

姓名：艾伯特·奥诺雷·查尔斯·格里马迪（1848–1922）

国籍：摩纳哥

海洋学研究的先驱

同英国海洋学家布坎南、苏格兰南极探险家布卢斯等人一起，对湾流海域、亚速尔、斯匹次卑尔根一带以及从赤道到北极的北大西洋和地中海等海区，有组织地进行海洋物理、海洋生物方面的观测，发现了多种新的深海海洋生物。

进行了鲸饵料的研究，在抹香鲸的胃中发现了巨大乌贼的新品种（其中一条乌贼臂长9米，全长达16米以上），证实了抹香鲸的食物主要是乌贼等。

施放用铜特制的海流瓶观测海流，并根据回收的海流瓶报告绘制了著名的《大西洋表层海流图》，获得了许多有关海流的新知识，确定了北大西洋存在着顺时针方向的环流，其流速在不同区段各不相同。

发现了地中海深层水流入大西洋等。

* 按姓氏首字母英文排序

海洋学研究仪器的设计者和改进者

为了测定表层海流，艾伯特一世设计了浮在水面下不直接受风影响的带重锤的测流标。

自制的测深机，一个人便可控制钢缆的卷扬，同时可以调节速度。

改进了布坎南测深管，设计了诱饵式陷网、立式拖网、中层用拖网、三角形采集器、带状网、水中诱鱼灯等多种深海调查工具。

发明了一种袋装网，曾在沿海捕捞中使用。

海洋学研究的资助者和培育者

建造了设备一流的“艾利斯公主”号、“艾利斯公主2”号和“伊伦迪尤2”号调查船，其中“艾利斯公主2”号船上拥有当时最好的研究条件、最先进的调查设备与仪器、一流的实验室，被海洋学家称作“一所流动的海洋研究所”。

建造了世界上最早、也是当时世界上最豪华的博物馆——摩纳哥海洋博物馆。

捐资在法国巴黎创建了巴黎海洋研究所。

出任地中海科学考察国际委员会理事长，为地中海海洋学的发展作出了贡献。

抹香鲸

亚里士多德——“海洋鱼类研究之父”

亚里士多德是有史以来最伟大的哲学家、思想家和科学家之一。黑格尔曾经说：“如果真有所谓人类导师的话，就应该认为他是这样一个人。”马克思称他是“古代最伟大的思想家”，恩格斯称他为“古代最博学的人物”。其实，他还是“海洋鱼类研究之父”。

名家名片

姓名： 亚里士多德（公元前384－前322）

国籍： 古希腊

学派： 亚里士多德学派

主要成就：

亚里士多德是第一位对海洋鱼类进行全面系统研究的人，对鱼类的结构、繁殖、洄游等行为作了较为系统的描述。

所著的《动物志》是目前所知的第一部论述海洋生物学的专著。

在约2 400年前就指出鲸是胎生的。

是第一个记载海洋测深学的人。

名人名言

“吾爱吾师，吾更爱真理。”

在这句名言背后还有一个有趣的故事。曾经，柏拉图讲述自己对人的含义的定论：“人是没有羽毛的两脚直立的动物。”亚里士多德便想办法来推翻老师。他将一只公鸡的毛全部拔光立于众人面前，和老师开了一个玩笑：“这就是老师所说的‘人’！”

↑拉斐尔的油画《雅典学院》的细节。柏拉图手指向天，象征他认为美德来自于智慧的“形式”世界。而亚里士多德用手指地，象征他认为知识是透过经验观察所获得的概念。

Link

亚里士多德非常善于观察。他观察到麻醉鱼会隐身于有泥沙的浑水中，利用身上具有的震动性能，使猎物麻木。这其实就是我们今天所说的电鳐鱼。他还考察过大鲶鱼的繁殖情况，发现这种大鲶鱼的卵生长得特别缓慢，因此雄鱼必须伺守40～50天，以防止卵被其他鱼类吞食。这一描述在1856年得到了证实。

库斯托——获得奥斯卡金像奖的海洋学家

在法国，他始终高居“最受欢迎的法国人物榜”的榜首。他是一位海洋探险家，却获得过奥斯卡金像奖。红色羊毛帽是他的标志。没有他，人类的海洋知识和海洋意识不可能达到今天的水平。这位传奇人物就是库斯托。

名家名片

姓名： 雅克-伊夫·库斯托（1910–1997）

国籍： 法国

发明家

和别人合作，创造性地发明了“水肺”。

和他的团队创造了第一个人类水下居住舱——“大陆架1”号。该居住舱一次可容纳数名海洋探险者在海里进行几个星期的作业。

在潜水史上，这两项发明具有开创性意义。

海洋探险家、海洋学家

将一艘名叫“卡里普索”号的旧扫雷艇改建成一个活动的海洋实验室，曾到世界许多地方进行科学考察。

用自己的探险经历编写并出版了30多种海洋学书籍和画册，普及了海洋知识。这些著作包括《通过水下18米》、《活跃的大海》和《雅克·库斯托：海洋世界》等。

海洋电影制片人

其第一部深海题材的纪录片《静谧的世界》获戛纳电影节金棕榈奖。这是该电影节首次将金棕榈奖颁给一部纪录片。

其拍摄的水下纪录片《没有阳光的世界》和《金色的鱼》曾获奥斯卡金像奖。

“环保卫士”

帮助限制商业捕鲸活动，为国际捕鲸委员会通过一项禁令争取到必要的票数。

根据其建议，1991年，南极洲条约协商国作出了关于今后50年内禁止在南极洲地区进行一切商业性矿产资源开发活动的决定。

由于对保护环境作出的历史性贡献，库斯托被誉为“地球卫士”、“环保之父”。

“水肺”是一种能使潜水员在水中进行呼吸的供氧装置。它由潜水员自行携带，不需要笨重的潜水服，也不需要保护潜水员生命安全的救生索。潜水员带上“水肺”，再套上脚蹼，就能机动灵活、自由自在地在水中进行探测了。“水肺”的发明使得开展自带水下呼吸器潜水竞赛这一现代体育项目成为可能。

↑海中工作的库斯托（右一）

迪肯——南大洋研究的开拓者

他当初获得的学位是化学荣誉学位，获得的证书是教育证书，却由于在21岁时参加了英国的“发现”号南极考察而成为20世纪中叶英国最重要的海洋学家之一。他就是南大洋研究的开拓者迪肯。

名家名片

姓名： 乔治·爱德华·雷文·迪肯（1906–1984）

国籍： 英国

曾任职务： 英国皇家学会会员(1944年)，英国国家海洋学研究所首任所长(1949～1971年)

曾获荣誉： 极地奖，英国皇家学会奖等；1964年获颁英帝国司令勋章，1977年被封为爵士

主要成就：

根据“发现”号南大洋调查的部分成果，于1933年11月写成《南大洋水文综述》；于1937年3月写成并出版《南大洋的水文》和《南大洋动力学注记》，分别收录在《“发现”号调查报告》第7卷和第15卷中，成为研究南大洋水文学的经典著作。

带领研究小组第一次对海浪的波谱进行了分析，并证实了波谱概念的重要性和价值。

在其领导下，英国国家海洋学研究所成为世界上有名的海洋研究所之一。

是第一位指出南极绕极流范围的科学家，其研究成果有助于界定南大洋的特征。

埃克曼——近代海流学的开拓者

埃克曼在近代海洋科学领域十分知名。不到30岁就研制出以自己的名字命名的海流计，还推导出一个海水平均压缩率的经验公式。在海流研究方面他作出了卓越的贡献，被誉为现代物理海洋学的第一人。

名家名片

姓名： 维恩·沃尔弗雷德·埃克曼（1874—1954）

国籍： 瑞典

研究领域： 海洋学

曾获荣誉： 瑞典皇家科学院院士

出生于瑞典首都斯德哥尔摩的埃克曼，1902年从乌普萨拉大学获博士学位后即进入奥斯陆国际海洋研究室，在挪威气象学家、物理学家皮耶克尼斯和挪威海洋学家南森的指导下工作，直至1909年。他以研究海流动力学而著称，是国际上物理海洋学的先驱。

主要成就:

设计制造了能同时测量流速和流向的埃克曼海流计、埃克曼颠倒采水器。

建立了海洋中的风生漂流和梯度流理论，阐明了流速（风速）矢量随深度（高度）偏转现象（即埃克曼螺线）的成因。

为纪念他取得的成就，以其名字命名的术语还有埃克曼层、埃克曼输送、埃克曼漂流等。

福布斯——英国海洋生物学的创始人

上苍只给了他37年的生命，他却为英国留下了一流的研究成果。为了获得第一手的现场观察资料，他每年都去爱尔兰等海区采集生物样品。若非英年早逝，他会为英国的海洋生物研究作出更大的贡献。他就是英国海洋生物学的创始人福布斯。

名家名片

姓名： 爱德华・福布斯（1815–1852）

国籍： 英国

理论： 无生命假说

↑该图为《欧洲海的自然历史》一书的卷首插图，为福布斯亲手所画，图的右下角可看到作者姓名的首字母，即EF。该图反映了作者采集深海动物的情景。

主要成就：

在大量采集和研究的基础上，提出了海洋生物垂直分布的分带现象，划分了滨海带、海带带、珊瑚藻带和深海珊瑚带4个深度带，并将欧洲海域划分成几个生物地理省。

首先开始了关于海洋生物与环境关系的研究。

他的《英国海产生物分布图》是第一幅海产生物分布图。

与人合著的《欧洲海的自然历史》是海洋生态学的第一部论著，为海洋生态学的经典著作。

于1842年创立了英国古生物协会。

亨森——“浮游生物学之父”

海洋中生活着千千万万的海洋动物，但是你知道它们的生命都是直接或间接地依赖于悬浮在海水中的那些浮游生物吗，是谁首先用“Plankton”一词指浮游生物？他就是德国浮游生物学家亨森。

名家名片

姓名： 维克多·亨森（1835–1924）

国籍： 德国

研究领域： 动物学，生理学，胚胎学，解剖学

“浮游生物学之父”

于1887年创造了“Plankton”（来自希腊文，意为“漂泊流浪”）一词，用以表示“浮游生物”， 奠定了海洋生物学的基础。

设计制成的浮游生物采集网沿用至今，被称为亨森网。他还制作了许多确定浮游生物量的工具，如吸液管、计数板、计数显微镜、过滤器等，确保了浮游生物的定量研究，成为浮游生物定量研究的创始人。

是第一位认识到海洋是一个生产场所的科学家，认识到浮游生物在海洋生物中的重要性。这一认识在当时就像我们今天认识到人类基因组序列在人类中的重要性一样。

在洪堡基金和普鲁士皇家科学院的资助下，他于1889年乘“国家”号轮船，在整个大西洋水域指挥进行了首次浮游生物专项调查，以此为基础编写的《浮游生物调查成果》一书，为海洋浮游生物的研究奠定了基础。

海洋学研究方面的其他贡献

设计制成了鱼卵采集网。

深入研究了海洋生产力的起源，定量研究了海洋物质代谢的方法，探讨了鱼类所需的基本饵食及数量，对北海渔业发展作出了很大贡献，奠定了水产资源学的基础。

在他的倡议下，普鲁士皇家海洋探险委员会成立。

亨森一生涉猎广泛。他大学时学的是医学，毕业后曾担任生理学教授。他发现了内耳里面的几个结构，这几个结构现在以他的名字命名为亨森管、亨森细胞、亨森纹；还发现了对鸟类发育至关重要的结构，即亨森结。他在化学方面的造诣也很深，发现从动物组织中可以提取一种糖化合物，即化学糖原，这一物质现在是药品生产中的常见成分。亨森还是一位动物学家，经常在研究所的花园里研究蚯蚓，发现蚯蚓会钻入地下1米多深，植物的根会沿着蚯蚓留下的渠道生长。亨森关于蚯蚓非常有用的文章虽然引来不少争议，却使他在农业圈小有名气。达尔文在其最后的一本书《腐殖土的形成与蠕虫的作用》中，就引用过亨森的研究成果。

“维克多·亨森”号

赫胥黎——从军医到海洋学者

靠自学考进医学院的他却在海洋研究方面取得了卓越成绩；他书中的“物竞天择、适者生存”及“优胜劣汰”等是人们耳熟能详的名言。他就是赫胥黎。

名家名片

姓名： 托马斯·亨利·赫胥黎（1825–1895）

国籍： 英国

以事实为据　达科学彼岸

将Medusae，Hydroid及Sertularianpolyps合并为一纲，命名为水螅纲（Hydrozoa），并发现水螅纲是一种独特的动物学种类。

发现水螅纲生物的共同点是具有由双层膜所包围形成的中央空腔或消化道，即现在所称的刺胞动物门的特征。

在其建议下，英国设立了普利茅斯海洋生物学研究所。

因《论水母科动物的解剖构造及其间的亲属关系》获英国皇家学会授予的福布斯奖章。

其他方面的造诣

在比较解剖学、人类形态学和古生物学等方面取得了很高的成就。

撰写的《人类在自然界的位置》是第一篇科学研究人类和猿相似之处的文章。

提出了“生源论”（认为一切细胞皆起源于其他细胞）与“无生源论”（认为生命来自于无生命物质）。

莫里——海路的发现者

莫里是现代海洋学和海军气象学的鼻祖，享有“海路发现者”之誉；他成功实现了由好望角去加利福尼亚整整缩短30天航程的神话。

名家名片

姓名： 马修・方顿・莫里（1806–1873）

国籍： 美国

曾任职务： 美国海军上尉，美国海军观测所负责人，海军航空图与仪器仓库主管

创造奇迹　变废为宝

是第一个绘制航海风向图的海洋学家。

创建了记录海洋数据的方法，被世界各国海军和商船用于绘制航线图。

利用旧的航海日志首次绘制了鲸的洄游路线，对捕鲸业的发展起到了积极的作用。

根据对洋流的研究首次提出了西北航道理论，并大胆假设北极附近的海洋中有一段时间是不结冰的。这些现都已得到证实。

卓越成就　世人永记

在美国，人们用各种方式纪念为人类海洋事业作出巨大贡献的莫里。在大学和研究机构，有三座莫里馆；在美国海军，有五艘军舰以“莫里”命名；一所社区大学的海洋研究与学生实习调查船也以他的名字命名；在弗吉尼亚州，有莫里湖、莫里河；月球上有莫里陨石坑；还有马修・方顿・莫里中学和莫里小学。

蒙克——极富创造力的物理海洋学家

蒙克被公认为目前世界上最伟大的海洋学家之一，他发表的风驱动的大洋环流理论模型被公认为大洋环流研究的经典。鉴于他在地球自转和海洋波浪方面的研究成果，他当之无愧地获得了美国最高科学奖——全国科学奖。

名家名片

姓名： 沃尔特·海因里奇·蒙克（1917- ）

国籍： 美国

研究领域： 物理海洋学、地球物理学

曾获荣誉： 美国全国科学奖，斯韦尔德鲁普奖，尤因奖等

主要成就：

和斯韦尔德鲁普共同提出了海浪预报方法。

于1950年发表了风驱动的大洋环流理论模型，该模型与斯托梅尔模型被公认为大洋环流研究的经典。

率先开展了洋流与风场之间相互关系的研究，并且创造了“风生环流”这一名词。

于1957年与赫斯发起了莫霍计划，即计划在海底打一口超深钻井，穿透地壳的底面——莫霍面来研究地幔。莫霍计划虽然因资金不足、不切实际等原因而失败，但为后来的洋底钻探计划提供了许多有用的信息，促进了深海钻探技术的进步。

和卡尔·温什借助声音的行进模式与穿越海洋所需的时间共同提出了海洋的声学断层扫描技术，以探测海洋大尺度构造中的重要资讯。

构想出贺德岛实验，以使南印度洋岛屿水深150米以下的声波可借助仪器传送过来。此计划在1991年实施，为期4天，贺德岛附近的声波传到美国东岸与西岸，其讯息如其他邻近岛屿传来的讯息一样清楚。此实验又称为“世界各处传来的声音”。

帕尔门——海气相互作用研究的先驱

帕尔门曾获英国皇家气象学会西蒙斯纪念金质奖章、美国气象学会罗斯比勋章、荷兰皇家艺术科学院白贝罗奖、瑞典地球物理学会罗斯比奖、芬兰地球物理学会银质奖章、世界气象组织奖。到底是怎样的成就使他获得如此多的殊荣？

名家名片

姓名：埃里克·赫伯特·帕尔门（1898–1985）

国籍：芬兰

研究领域：热带台风、强热带台风、急流、大气层结构、大气层循环、大气层与海洋间的相互影响和海流等

曾任职务：1935～1939年任芬兰海洋研究所所长，1958年任芬兰科学协会主席

主要成就：

帕尔门一开始主要研究海洋学和大气–海洋相互作用问题，后来转向研究大气动力学和温带气旋。

根据高空探测资料，于1937年和J·皮耶克尼斯合著《欧洲气旋选例分析》，奠定了气旋结构及其变化研究工作的基础。

于1946～1948年参加并领导了大气环流的研究工作，和罗斯贝共同提出了“西风急流”的概念，阐述了西风急流在大气环流中的重要作用，强调了预报西风急流的重要性。

在1948年分析大西洋飓风发生条件时指出，台风只能在海水表面温度高于26℃～27℃的洋面上发展起来。

于1969年计算出整个大气各种能量的收支。

1969年和牛顿合著《大气环流系统：结构与物理意义》，评述和总结了成书前30余年高空气象观测资料丰富时期的大量研究成果。

斯韦尔德鲁普——现代海洋科学的奠基人

他的名字在现代海洋学研究领域无人不知，无人不晓；他的名著《海洋》被誉为海洋学界的“圣经”；他为现代海洋学所作的贡献让全世界科学家为之敬佩。他就是挪威著名海洋学家、气象学家、现代海洋科学的奠基人之一的斯韦尔德鲁普。

名家名片

姓名： 哈罗德·阿尔瑞克·斯韦尔德鲁普(1888–1956)

国籍： 挪威

曾任职务： 美国斯克里普斯海洋研究所所长、挪威极地研究所首任所长、国际物理海洋学协会（现国际海洋物理科学协会）主席、国际极地气象学会主席、国际海洋考察理事会主席等

主要成就：

与约翰逊和弗莱明合作的《海洋》一书，在海洋科学发展史上具有划时代的作用，被誉为海洋科学建立的标志，海洋学由此成为一门独立的科学。

提出了大洋环流理论，具有里程碑的意义。

首先应用大气湍流扩散理论求得了海面蒸发率的表达式。

首先对海面气层某些属性的湍流铅直通量作了理论计算。

提出了风应力与海水垂直输运之间的理论关系，被称为斯韦尔德鲁普关系或斯韦尔德鲁普平衡。

于1918～1925年参加了“莫德号”北冰洋漂流探险调查，对东西伯利亚海岸外广大的大陆架区域进行了海深、潮流和潮位测量，并将潮汐传播正确地描述为庞加莱波。

1949年以61岁高龄出任由挪威、英国、瑞典三国学者组成的南极探险队队长，到南极洲进行了3年的考察。

图雷——“法国海洋学之父”

图雷是“法国海洋学之父”，但他当初学的却是沿岸近海海底地质学。本着对海洋学的热爱，他参加了纽芬兰探险，对海洋学开展了深入的研究。

名家名片

姓名： 朱利恩・奥利文・图雷（1843−1936）

国籍： 法国

研究领域： 地质学、海洋学

图雷早年学习矿物学，后来从沿岸近海海底地质专业转向海洋学研究。1882～1913年任南锡大学矿物地质学教授，第一次世界大战后在巴黎大学海洋研究所继续从事海洋研究。

他于1886年乘“克劳林德”号前往纽芬兰进行航海调查，并根据调查结果于1890年和1896年出版了两卷本《海洋学》（静力学、动力学），得到法国海军部长的表扬，获得金质奖章；也因此获得了“法国海洋学之父”的称号。

发明了用粗细不等的几种筛网进行底质分析砂粒的方法，这一方法至今沿用。

1908～1913年，总结了地中海沿岸地质调查的结果，并绘制出5幅彩色的地中海沿岸地质分布图。

根据他的建议，摩纳哥国王艾伯特一世绘制出著名的《世界大洋水深图》。

在发表的研究论文中指出，海水中混浊物质量与透明度的关系基本上可用双曲线表示。

重大研究成果

Major Research Achievements

烟波浩渺、一望无垠的海洋，既令人畏惧又让人神往。人类对于海洋的认识从无到有，而今，随着人类对海洋的不懈探索，大量重大科技成果相继涌现。让我们一起去感受世界重大海洋研究成果带来的欣喜与激动！

大洋传送带理论

影片《海底总动员》中有这样一段剧情，尼莫的父亲与一群海龟“搭乘”洋流到达澳大利亚东海岸。那么，什么是洋流？它又是怎样形成的呢？在世界大洋中究竟又有多少条洋流呢？

“顺风车”的由来

↑影片《海底总动员》

说到大海，我们很自然联想到汹涌澎湃的潮汐现象，其实，海水还有一种大规模运动——洋流。洋流就是海水沿着一定路线的大规模流动。世界各大洋中分布着若干洋流，其中有一支很重要的全球规模的深海洋流，叫做大洋传送带。

这条传送带的起点在大西洋北部的格陵兰岛和冰岛，这里的海水由于温度低、盐度高导致海水密度升高，在北大西洋北部开始下沉并自深海向南流经赤道一直到达南极。在南极附近与向东的南极绕极流汇聚并向北分别流向印度洋和太平洋。在到达印度洋和太平洋时由于温度升高、海水密度下降，导致海水上升至大洋表层并在阿古拉斯海流处汇合成一支温暖且盐度低的洋流，这支汇聚到一起的洋流绕过非洲南部，最后返回大西洋并一路向北。中途由于蒸发等原因而变成温度低、盐度高的洋流不断下沉到达大西洋北部，从而形成一个闭合的环流。

生命的循环带

电影《海底总动员》中的海龟们正是乘坐着东澳洋流快速地从澳大利亚西岸到达了东岸。大洋环流的存在使得世界各大洋的水都处在不停流动交换的过程中。据测算，大洋深层水和表层水每2 000年就围绕地球循环一圈，这就是为什么大洋中的热量和盐度会始终保持在一个稳定的适宜于生物生存的水平上。

大洋传送带不仅运送着海洋生物到达世界的各个角落，维持着海洋生态的平衡，而且缓解了大气的温室效应，维持着地球生物的正常生存环境，是地球物质能量交换的枢纽，是生命的传送带。

Link

电影《后天》描述的是大洋传送带停滞的可怕后果。由于全球持续变暖导致格陵兰和北极的冰山不断融化，降低了大西洋北部海水的盐度，致使大洋传送带在此遭到破坏并停滞，原本应该北上的暖流不能到达北大西洋，也就不能输送热量，导致一些地方温度剧降，地球进入一个新的冰期。

↑《后天》海报

格陵兰岛

大洋中尺度涡

在下图中你能发现什么？对，一个小小的水旋涡。大洋中也有很多这样的旋涡，不过大洋中的水旋涡尺寸比图中的水旋涡要大得多。

不易观测到的中尺度涡

世界的大洋每时每刻都处在运动中。20世纪60年代以前，海洋观测手段不完善，人们通过对一些物理现象的观测，发现了大洋中的表层环流，并建立起风生海流理论。这些在当时能被观测到的洋流具有规模大、线路稳定的特性。比如，墨西哥湾流就是沿美国东部北上的一支暖流。

随着人造卫星在海洋测量方面的应用，人们在大洋中发现了很多不同于洋流的旋涡，这些旋涡的直径从几十千米到数百千米，存在的时间从几十天到半年以上，旋转速度很快并不断向前移动。它们与海洋中大而稳定的洋流相比，尺寸较小；但是，它与人们肉眼看得见的近海水旋涡相比，又显得十分庞大。所以，人们称这种涡流为“中尺度涡”。

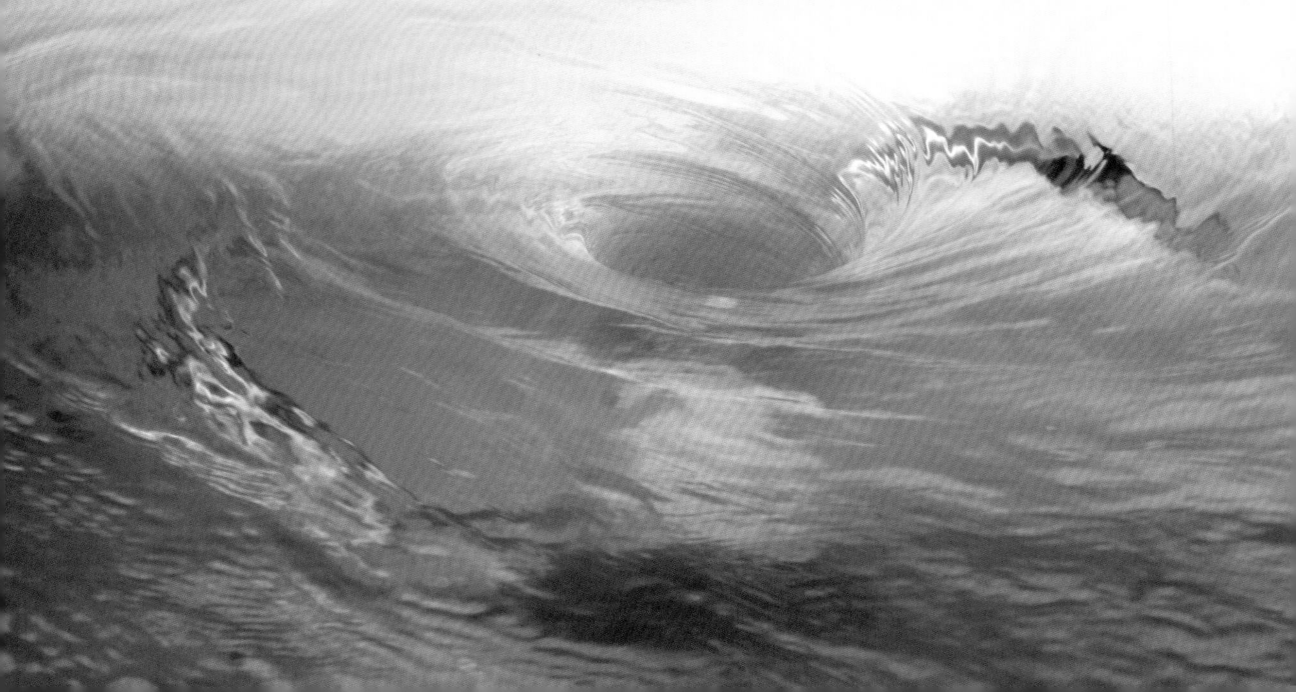

提供便捷服务的中尺度涡

有些中尺度涡会形成天然的渔场。渔场给渔民带来经济效益的同时，也为生物学家提供了研究海洋生物的有利环境。商船会在航行途中“搭乘”中尺度涡达到节省燃料的目的；少数几个国家甚至已经在研究如何利用中尺度涡进行发电。大洋中尺度涡在给人类带来便捷服务的同时也使我们重新认识了海洋动力，从此人们开始关注大洋深层的海水流动。过去，人们认为大洋环流是由几条大的洋流组成的，在没有环流的海域，海水近似于静止。而大洋中尺度涡的发现使人们意识到大洋里绝不仅仅是几条洋流，也并非想象的那样平静。据科学家估计，中尺度涡的动能占整个海洋动能的80%以上。巨大的动能促使中尺度涡与大洋环流之间有着强烈的相互作用。这些遍布世界大洋的中尺度涡就像一个个小精灵，为大洋注入了力量，为人类带来了便利。

↑飓风云图

↑飓风云图

大洋中有中尺度涡，大气中也有类似的涡旋，常见的有气旋和反气旋，最引人注意的莫过于台风和飓风。台风和飓风都是产生于热带洋面上的一种强烈的气旋，只是发生地点不同而叫法不同，台风和飓风经过时常伴随着大风和暴雨天气。

↑台风过后的街头

厄尔尼诺与南方涛动

2010年，巴西全国范围遭受暴雨袭击，有100多人在暴雨引发的泥石流和洪水灾害中丧生。造成这种灾害的原因正是厄尔尼诺现象。破坏性极强的厄尔尼诺现象是怎样形成的呢？

↑2010年1月，人们在巴西圣保罗洪水淹没的街道上艰难行进

南美大陆西侧有一股北上的秘鲁寒流，当它到达赤道时，一部分秘鲁寒流变成赤道海流顺着信风向西流动。在此过程中，由于赤道地区温度较高，这条海流在西行过程中逐渐升温，因此太平洋西段的海水温度高于太平洋东段。对应这两个海域上空的大气也存在温度差。东段海水温度低，海面附近空气温度也低，冷空气下沉；西段海水温度高，海面附近空气温度也高，暖空气上升；下沉的冷空气和上升的暖空气形成了一个大气环流——沃克环流，其中下沉的冷空气向西流，上升的暖空气向东流。有时候这个环流会有强弱变化，这种现象就叫做南方涛动。当环流减弱时，风力下降，一部分东行的赤道逆流突破西行信风的阻力，沿着秘鲁沿岸向南流动，使得秘鲁沿岸气温异常升高，厄尔尼诺现象由此发生。

厄尔尼诺现象是周期性出现的，每隔2～7年出现一次。但是进入20世纪90年代之后，受全球气候变暖的影响，厄尔尼诺现象出现得越来越频繁。

人们为什么会如此关注厄尔尼诺现象呢？

因为厄尔尼诺能导致很多自然灾害现象的发生。正常情况下，秘鲁寒流带走了表层海水，秘鲁附近下层温度较低的海水涌升补充到表层并将大量营养物质带到海面，为鱼类提供了丰富的饵料，使得秘鲁成为世界四大著名渔场之一。但若冷水上翻减弱，营养物质大量减少，鱼类就会因缺少食物而大量死亡。这会严重影响当地的渔业生产和经济收入。从气象方面来说，气象学家的许多研究表明：厄尔尼诺现象发生时，不仅会使热带洋流和气候发生异常，甚至会极大地影响太平洋沿岸各国气候，本来湿润的地区出现干旱，干旱的地区出现洪涝，从而造成粮食减产，严重时还会造成人员伤亡。厄尔尼诺现象不仅出现在南美等国沿海，而且遍及东太平洋沿赤道两侧的全部海域以及环太平洋国家。中国1998年遭遇的特大洪涝灾害，厄尔尼诺现象就是重要的影响因子之一。

如此严重的后果不得不引起人们对厄尔尼诺现象的重视，如果能准确预测厄尔尼诺现象发生的时间，那么人类就能提前做好准备，把灾难损害减到最小。

拉尼娜的字面意思是“圣女婴”，它被称为反厄尔尼诺现象。厄尔尼诺是指赤道东太平洋海面温度异常升高的现象，那么，拉尼娜是赤道东太平洋海面温度异常下降的现象。特征上，厄尔尼诺现象和拉尼娜现象恰好相反；时间上，拉尼娜现象通常发生在厄尔尼诺现象之后，但不是每次厄尔尼诺现象之后必然会发生拉尼娜现象。厄尔尼诺现象是由于沃克环流中高气压和低气压的差值减小而造成的，拉尼娜现象则是因为这个压力差增大造成的。东南信风的增强使得大量暖水被吹送到赤道西太平洋地区，致使赤道西太平洋海面表层温度异常升高，气压变得很低，空气上升运动增强，形成台风；而赤道东太平洋地区为了补充被信风刮走的表层海水，大量的冷水涌升到表层补充，致使海表温度异常偏低，气压变得很高，空气下降，沃克环流被加强，东太平洋冷水加剧上涌，温度进一步降低，引发拉尼娜现象。

↑洪水肆虐

古海洋学研究

现代四大洋是指太平洋、大西洋、印度洋和北冰洋。它们的总面积是3.62亿平方千米，约占地球表面积的71%，占地球总水量的97%。从太空观察地球，地球就像是一个美丽的蓝色水球。那么，地球上的海洋是如何形成的？水是从哪里来的呢？

46亿年前，地球刚刚诞生。在之后很长一段时期内，天空中水汽与大气共为一体，浓云密布。随着大气温度慢慢降低，水汽以尘埃和火山灰为凝结核变成雨滴降到地表上来。雨越下越大，并且下了很久很久，滔滔洪水汇聚成巨大的水体，这就是原始的海洋——古海洋。古海洋学研究的正是海洋从诞生之日起到现在所经历的变化，又称历史海洋学。

古海洋学科本身包罗万象，集气候学、地质学、生物学等于一体。怎样才能知道古海洋的情况呢？随着科学技术的日新月异，我们可以通过对沉积在洋底和陆上的化石进行分析研究，从中了解古海洋的水温、水深、含盐量、环流、地质作用、海水成分、海洋生物的演化等，也可以通过建立模型来模拟海洋变化的过程，还可以通过现今的海洋构造推测它的形成原因。例如，利用板块构造学说可以分析海洋的地质变化，为科学家模拟古海洋环境提供理论基础；通过对微体古生物化石的分布研究可以勾勒出古海洋环流的演变，进而了解古气候的发展，为分析地球历史上的三次冰期以及预测第四纪冰期提供依据。

我们为什么要了解古海洋学的有关情况呢？

利用对古海洋的研究能解答古气候、古地质、古洋流、古大陆及古生物等方面的很多谜题。

↑海洋生物化石

↑从太空看地球

古海洋学的研究可以让我们找到气候形成和变化的原因，解释气候异常（如冰期）等现象。例如，我们对大洋进行钻探，获得沉积物岩芯并分析得出漫长的地质年代中二氧化碳含量的变化图，如果某一时间段二氧化碳含量高，那么该时段地球气候可能比较温暖；如果某一时间段二氧化碳含量很低，那么地球很有可能在该时段处于冰期。

古海洋学的研究为板块运动研究提供了依据。例如，对沉积物岩芯的研究能够让我们推测出地球上陆地与海洋分布的历史；有了海洋动力学的知识，我们可以比较准确地预测地震、火山爆发及成矿地带，在预防灾害的同时也能带来经济效益。古海洋学的研究还可以让我们了解动植物变迁的历史，收集到的各个地质时期的古生物化石为我们研究生命的起源提供了有力的证据。

古海洋学是近一二十年来迅速兴起的新学科，目前还不够成熟，存在不少争论和假说。但作为一门高度综合的学科，它正在将岩石圈、水圈、生物圈和大气圈的研究结合起来，从而有可能为地球科学带来新的重大突破。

海底热液活动

1948年，瑞典海洋考察船“信天翁”号在红海中部水深1 937米处发现该处水温与盐度异常。1965年，美国海洋考察船“阿特兰蒂斯Ⅱ”号在红海进行了更详细的调查，发现在3处水温高达60℃、盐度达300、水深大于2 000米的深渊里堆积着一种软软的、像泥一样的沉积物。对这种沉积物的化验结果使科学家们兴奋不已：泥土中竟含有大量的黄金、白银以及铜、铁等多种有用金属！这个发现震惊了全世界。

裂隙中流出来的宝藏

原来，这种泥土叫做多金属软泥，分布在海底断裂的地方。当地壳有了裂缝时，海水便从裂缝向地层深处渗透，溶解了原来在岩浆中的盐和金属，变成了富含金属的热水溶液，这种热水溶液被称作海底热液。由于地层深处的高温，海底热液变得更热，又在高压下沿着裂缝向上喷涌，遇到冷的海水，迅速沉淀下来，由液体变成了多金属软泥。

海底“金银库”

海底热液的发现对人类来说意义重大。它是人类的金属资源宝库，极具开发潜力和经济价值。

到目前为止，我们已经在海底发现了几百处热液矿点，其中多处矿点的资源量都超过百万吨，如红海“阿特兰蒂斯Ⅱ”深渊的热液金属储量估计超过5 000万吨。海底热液不仅分布范围广、储量大，更重要的是，它富含铁、锌、铜、铅等多种金属及珍贵的稀有金属如金、银等。这些金属的经济价值极高，仅由美国、法国、墨西哥联合在东太平洋海底发现的资源量为2 500万吨的一处矿体，其开采价值就高达39亿美元。如此诱人的开发前景已经引起世界各国的高度重视，美国甚至把海底热液矿床看做未来战略性金属的潜在来源，并且由政府出面，制订了中长期开发计划。

根据《联合国海洋法公约》的规定，各国都可以到公海区勘测研究，并且对勘测到的资源有优先开采权，因此世界各国都在积极研发多金属软泥的开采工艺。其中，发达国家多是靠建造高性能的深潜器来调查研究海底热液矿的分布、形成机理及开采技术。如美国的“阿尔文”号和“塔里亚斯”号主要调查美国近海海底及世界上主要的热液矿区；日本花巨资建造的世界上最好的深潜器——“深海10000”号可对全球98%的洋底进行调查。一旦能够进行工业性开采，那么，海底热液将同海底石油、滨海砂矿、深海多金属结核一起，成为海底四大矿种。

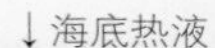
↓ 海底热液

↑ “阿尔文”号

人类不但可以开发海底热液增加后备资源储量，还可以对其研究来认识关于海底活动的一些规律。随着全球调查活动的深入，人们发现海底热液活动是一种十分普遍的地质现象。迄今为止发现的热液矿点多分布于大洋中脊、板内火山和弧后盆地三大地质活跃地带。从某种程度上讲，地质构造背景可以影响海底热液矿点的分布，而海底热液矿点的分布特点可以促进人们对地质构造的研究。

海洋极端生命现象

深海中没有阳光，缺乏氧气，温度极低，压力极高，有毒物质含量很高。很多人会认为，这里不适合生物生存。但事实却是相反的。这里分布着不少非常活跃的生物群，下图中的热液生物就是它们中的一员。那么，在这样极端的环境下这些生物是怎样生存的呢？

↑深海章鱼

↑深海虾

极端环境下的小生灵

在板块交界的地方，地壳运动（火山、地震、海啸等）频繁，海底火山岩浆不断喷发，形成了热液喷口。科学家们发现，在喷口处，不但沉积了大量的多金属软泥，还生活着一群特殊的“居民”。它们的食物是热液喷口附近的化学物质，它们的生存环境是高温高压富含重金属毒素的极端生态环境，它们被称为“热液生物群”。

“热液生物群”中有细菌、蠕虫、螃蟹、巨型贝、虾等。为了适应极端的生存环境，它们大多具有“特异功能”。例如，近来发现的一种深海虾类，虽然没有眼睛，但具有一些感光细胞，能侦测出海底火山喷发时发出的特定波长的弱光，对于人类来说海底是黑漆漆的，但对于它们来说，海底是“亮”的。

↑热液生物

热液生物发现的意义

海底热液环境与30亿年前地球原始生命起源时的高温、缺氧环境十分相似。因此，海底热液环境是探索地球生命起源的理想场所。

热液生物的生活环境是一种极其恶劣的海底极端环境，这说明它们自身一定有超强的解毒功能。如果人类能够利用这种功能，就能轻而易举地处理环境、人类体内、工业产品中的有毒物质。

热液生物的发现改变了高温、无光照、有毒物质环境下无生命存在的认识，极大地丰富了海洋生物多样性的研究，让我们认识到了大自然的神奇和生命力的顽强。

热液生物的地理分布显示出了古老板块边界的几何形状，因此，热液生物群的分布可以深刻地揭示板块构造的历史，为板块构造学说提供依据。

海底热液这样恶劣的环境中竟然有生物生活。那么，地球以外的地方，如环境同样恶劣的火星上是否也可能有生物？火星是否能成为人类的第二家园？

米氏旋回理论——地球冰期预测

一块冰放到太阳光下很快就会融化，是因为太阳辐射使冰块不断吸收热量。那么，北极的冰山在北半球的夏季不断融化，也是因为太阳辐射吗？为什么有的年份融化得多，有的年份融化得少？

米氏旋回理论是一种预测冰期发生时间的理论。它强调北半球中高纬地区夏季接受太阳辐射量的减少（单因素）即可触发冰期。科学家通过氧同位素测定极地冰芯中二氧化碳的含量，结果显示，二氧化碳含量的高峰值都出现在米氏理论预测的大冰期内。尽管这一理论从诞生之日起就引发了无数争议，但是它为预测冰期的来临提供了一种研究方法。

↑冰川

冰山

人类为何要关心冰期的来临呢？冰期对地球的影响是显著的。大面积的冰盖可以改变地表水体的分布。如果没有冰期，全球的冰雪融化，那么海平面将上升近百米，世界上众多地区会成为一片汪洋。然而，大冰期来临时的剧烈降温会使大量喜暖生物灭绝，造成全球生态系统的改变，甚至有可能会影响人类的生存。

如果米氏旋回理论真的能为预测冰期的发生时间提供足够的证据，那么，人类不但可以利用这个理论研究古海洋学、古地质学、古气候学，还能预测下一个冰期的发生时间，为下一次冰期来临做好准备。

冰期，地球表面覆盖有大规模冰川的地质时期。地球历史上曾发生过多次冰期，其中大冰期有若干次，其余都是规模程度较小、持续时间较短的冰期。

海洋生物泵

在塔斯马尼亚首都霍巴特举行的一个国际科学大会上，专家们预计在未来100年内，由于工业二氧化碳排放量的持续增长，全球变暖趋势将愈演愈烈，被称为“不毛之地”的南极洲将有望长出树木。这绝不是玩笑，如果全球气候变得异常热，人类的生存将受到严重的威胁。

海洋浮游生物

二氧化碳的克星

海洋不仅蕴藏着丰富的宝藏，而且能够吸收存储大量的二氧化碳，减缓全球变暖的节奏。那么，海洋是如何吸收二氧化碳的呢？原来，海洋利用的是海洋表层的浮游植物。通过浮游植物的光合作用，二氧化碳被转化成浮游植物自身的一部分，这些有机碳在食物链中传递，比如被更大的浮游动物、鱼等食用，一部分有机碳被再次转化成二氧化碳通过呼吸作用返回海洋中并最终返回大气，剩下的有机碳会被转化成浮游动物、鱼等自身的一部分。等到这些生物死亡的时候，它们的尸体会沉到海底。如果在此过程中生物的尸体没有被吃掉的话，沉降到海底的尸体会把有机碳长期隔离在海底深处，使其不能变成二氧化碳再回到大气中去，从而缓解了温室效应。

增强“碳食欲”

海洋浮游植物每年能够从大气中吸收转化600亿吨碳，相当于陆地上的固碳总量。这600亿吨碳中有大约3亿吨能随着生物的尸体碎片沉到海底不再返回大气。因此，只要这种碳循环系统稍微发生变化，就能增大海洋吸收的二氧化碳量，这对遏制全球变暖的趋势有着重大意义。如何增强海洋的“碳食欲”成为世界科学家们的研究热点。

海洋是吸收大气中二氧化碳的能手，而决定海洋吸收二氧化碳的是海洋生物泵，可以说，海洋生物泵是调节大气二氧化碳的关键因素之一，对全球气候有着重大影响。海洋生物泵将气体状态的二氧化碳以有机碳的形式固定起来再沉到海底，很长时间不再返回大气。但并不是大洋中任何一处海洋生物泵吸收的二氧化碳都一样多。水温、水深、纬度等因素不同，不同海域有不同的生态系统，也就是说不同海域有不同品种的浮游生物和鱼类，对二氧化碳的吸收能力也就不同。有的海域缺乏光合作用所需的营养盐，有的海域缺铁，这些受到限制的海域光合作用较其他海域会弱一些，吸收二氧化碳的能力也会相对较弱。如果人类能研究出一种方法，合理地给大洋补充营养盐、补铁，也许海洋就能发挥出更强大的吸收效率，大大缓解温室效应，救人类于危难。

人类应该感谢海洋。工业化以来，海洋吸收了人类排放的所有二氧化碳中的约30%，大大减缓了大气中二氧化碳的积累，减缓了全球温度的升高速度。我们应该以实际行动倡导低碳生活，减少工业二氧化碳的排放，保护我们的地球，保护我们共同的家园。

板块构造理论

在菲律宾东北、马里亚纳群岛附近的太平洋底有世界上最深的海沟——马里亚纳海沟，最深处达11 034米，连世界上最先进的潜水器都不能到达它的最深处；而中国青藏高原上矗立的世界最高峰——珠穆朗玛峰，海拔达8 844.43米，拔地而起的雄伟景象令人叹为观止。究竟是什么样的力量造就了如此深的海沟和如此高的山峰呢？

板块构造理论发展之三部曲

1915年，德国的阿尔弗雷德·魏格纳提出了大陆漂移理论，认为美洲、非洲、亚洲、欧洲、澳大利亚和南极洲是由一块完整的大陆分裂、漂移而形成的。

在大陆漂移理论的基础上，美国的哈里·哈蒙德·赫斯在1962年发表的论文《大洋盆地的历史》中提出了“海底扩张”的概念。后经世界许多科学家根据海底研究的新发现、新成果，将大陆漂移学说和海底扩张学说进一步延伸、综合和完善，发展成为板块构造理论，它是一种使地球（海陆）一元化的全球构造理论。

↑珠穆朗玛峰

板块构造理论的魅力

板块构造学说能较好地解释许多自然现象。

它可以很好地解释陆地和海洋的各种地貌形态，如马里亚纳海沟和喜马拉雅山的形成；可以解释全球地震活动和火山活动的规律及分带性；可以解释矿产资源的成矿规律，等等。

如果大陆板块与大洋板块碰撞，在地形上就会形成海沟、岛弧或海岸山脉；如果大陆板块与大陆板块相撞就会形成高大的山脉，在板块张裂处常会形成裂谷（如东非大裂谷）或海洋（如红海、大西洋）。这是当今世界上最盛行、最活跃的大地构造理论，它改变了人们关于海陆分布与演化的传统观念。

重大科考活动

Important Expeditions

沧海桑田，世事变迁。从古代对大海的神往到如今对海洋认识的逐步深入，从过去对大海的畏惧到目前对海洋的进一步开发和利用……人类的足迹遍布海洋的各个角落。世界各国的科学家怀着对大海的无限遐想，开始了探索海洋的旅程，重大的海洋科学考察活动便是这一旅程中不可或缺的站点。

英国的“挑战者”号探险
——人类历史上第一次环球海洋探险

名称： 英国的“挑战者”号探险

时间： 1872年12月21日～1876年5月24日，历时3年5个月

性质： 人类第一次对海洋进行的真正有组织的科学考察，人类历史上首次综合性的海洋科学考察，人类历史上第一次环球深海探险

参加者： 由英国皇家学会组织，英国爱丁堡大学海洋学家汤姆森教授（后被英国维多利亚女王授予爵士爵位）担任队长，有6名科学家、243名船员参加

实施情况： 行程遍及大西洋、太平洋、印度洋和南大洋，航程68 890海里，进行了492次深海探测、133次海底采样、151次开阔水面拖网和263次连续的水温测定

主要成果：

第一次使用颠倒温度计测量海洋深层水温及其季节变化；采集了大量海洋动植物标本和海水、海底底质样品；验证了海水主要成分比值的恒定性原则；编绘了第一幅世界大洋沉积物分布图；发现了大西洋洋中脊。

采集到很多深海珍奇动物标本，推翻了当时英国著名生物学家福布斯主张的“海洋中540米以下无生物存在”的观点；发现了马里亚纳海沟并测得其深度数据。

不但开创了海洋综合调查的时代，而且获得了十分丰富的海洋资料。发现了4 700多个海洋新物种；发现了深海软泥和红黏土，并采集到了多金属结核。

在海洋物理方面，除了调查海流和气象外，还根据地磁测定的结果，掌握了航海罗盘仪的偏差；绘制了等深线图；发现180多米以下的水温受季节影响不大；确定了岛屿和险岩准确的位置。

开创了一门新的学科——海洋学，开始了人类认识海洋、开发利用海洋的新纪元。

国际印度洋考察

——多国家、多学科、大规模研究印度洋的调查活动

名称： 国际印度洋考察

时间： 1959～1965年

性质： 1957年由海洋研究科学委员会发起并组织、1962年改由政府间海洋学委员会负责协调、世界气象组织和联合国粮农组织进行协作的一次综合调查活动

目标： 旨在更好地了解地球、海洋和大气之间的相互作用过程

实施过程： 来自13个国家和地区的40余艘调查船，进行了180个航次的调查，另有10个国家和地区派人参加考察

主要成果：

了解了南纬15°附近冷涡的锋面以及东印度洋水团的分布。

发现了东经90°海岭，北起北纬10°，南至南纬32°，长达4 500多千米，离海面深度为1 800～3 000米，是迄今所发现的最长最直的海岭。

取得了其他的一些重大发现，如发现索马里海流的流速在夏季最大，高达7海里/小时；红海海底有热孔等。

取得的大量资料汇编成一系列印度洋图集，主要的科学成果汇编成8卷出版。

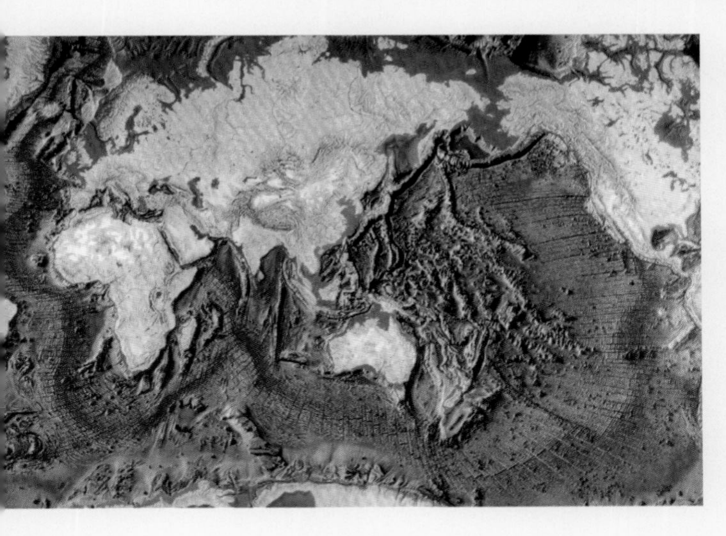

←印度洋洋底最显著的地形是洋底中央的“入”字形海岭，它是世界大洋中脊的一部分

深海钻探计划

——人类进行的首次国际海洋科学钻探计划

名称： 深海钻探计划
时间： 1968年8月～1983年11月
性质： 由美国国家科学基金会资助，美国斯克里普斯海洋研究所负责筹备，全球海洋钻探公司负责钻探，美国5个单位联合发起组成的“地球深层取样联合海洋机构”为技术指导，后成为由美国国内9家单位和英国、日本等国参加的全球性大洋钻探计划
目标： 在世界大洋和深海区进行钻探，通过获得的海底岩芯样品和井下测量资料来研究大洋地壳的组成、结构、成因、历史及其与大陆的关系
实施过程： 4个阶段96航次

↑珍贵的深海岩芯

主要成果：

验证了海底扩张学说和板块构造学说。

取得的大批资料弥补了近代地质学在深海地质方面的空白，提供了关于中生代（距今约2亿年）以来古海洋学的第一手资料，促进了古海洋学的诞生，引发了海洋地球科学的一场革命；极大地推动了海洋地质学的发展，对近代地质理论和实践作出了卓越的贡献。

根据海底钻探所取得的岩芯，重建了大西洋的海底扩张理论，提出约9 000万年前，南极

洲与澳洲、南美洲先后脱离，逐步形成了大西洋。还证明了印度板块曾向北漂移，近6 500万年移动了4 500千米。

在全球性地层对比、成岩作用以及海底矿产资源等方面，也有新进展、新发现。如研究表明，大洋边缘的深海区拥有数量可观的油气资源。

↑钻探平台

深海钻探的原始资料与成果按每个航次一卷汇编成《深海钻探计划初步报告》，近百卷的报告成为地球科学的知识宝库，揭开了人类认识海洋、认识地球的新篇章。

深海钻探计划中，负责钻探的专用船只是“格洛玛·挑战者”号钻探船。该船由莱文斯顿造船公司用40个星期于1968年3月建造和装备成功，1968年8月，首航墨西哥，标志着深海钻探计划正式开始。“格洛玛·挑战者”号长121米，船上配有钻探井架，可在水深6 000米的大洋底上钻孔取岩芯，船上还安装了当时最先进的动力定位系统。1968～1983年，“格洛玛·挑战者”号完成了96个钻探航次，总里程超过60万千米，钻探了1 092个深海钻孔，采集深海岩芯总长超过97 000米，采集范围覆盖了除北冰洋之外的全球各大洋。1983年11月，立下汗马功劳的“格洛玛·挑战者”号钻探船返回海港退役，为深海钻探计划画上了完美的句号。

↑“格洛玛·挑战者”号

大洋钻探计划

——20世纪最大规模、最具成效的国际地球科学合作项目

名称：大洋钻探计划

时间：1985～2003年

性质：深海钻探计划的延伸，它与深海钻探计划是20世纪地球科学研究中规模最大、历时最久的国际合作研究计划

目标：通过在大洋底部钻探进入地球内部采集洋底沉积物和岩石样本进行基础研究

实施情况：共完成111个航次，在669个站位钻井1 797口，取芯累计长达222 000米

科学贡献

揭开了塑造地球动力的秘密，发现了海底沉积物与岩石中繁衍的前所未见的物种；为全球科学家提供了宝贵的信息，使他们能够更好地理解全球气候变化及自然灾害形成；帮助我们理解生命的起源与演化。

再次证明了海底扩张学说和板块构造理论。科学家通过对近2万个沉积层岩芯样品的分析研究，使人们对海洋的形成有了新的认识，如初步查明了洋壳岩石圈的物质组成。

发现了温度约3 000℃下形成的硫化矿床的岩芯。

显示了中国的实力

中国于1998年正式加入大洋钻探计划。大洋钻探计划第184航次于1999年春天在南海顺利实施。作为中国海的首次大洋钻探，第184航次是根据中国学者的思路，在中国科学院院士汪品先主持、中国人占优势的情况下实施的，是中国地球科学界的一大胜利，标志着中国在这一领域的研究已跻身国际先进行列。 在中国国家自然科学基金委的大力支持下，经过几年艰苦的航次和研究，取得了数十万个古生物学、地球化学、沉积学等方面的高质量数据，建立起世界大洋3 200万年以来的最佳古环境和地层剖面，也为揭示高原隆升、季风变迁的历史，了解中国宏观环境变迁的机制提供了条件。

Link

2003年10月大洋钻探计划结束时，一个规模更加宏大、科学目标更具挑战性的新的大洋钻探计划——综合大洋钻探计划开始实施。综合大洋钻探计划以深海钻探计划和大洋钻探计划为基础，以“地球系统科学”思想为指导，打穿大洋地壳，揭示地震机理，查明深部生物圈和天然气水合物，理解极端气候和快速气候变化的过程，为国际学术界构筑起新世纪地球科学研究的平台，同时为深海新资源勘探开发、环境预测和防震减灾等实际目标服务。

“乔迪斯·决心”号钻探船

全球海平面观测计划

名称：全球海平面观测计划

时间：20世纪80年代中期至今

目标：建立高质量的全球和区域海平面观测网，支持如“热带海洋和全球大气”、“世界大洋环流实验室”等重大全球性气候研究计划的实施，并逐步使其中某些观测站具有实时资料传输的能力；2004年印度洋海啸后，该计划的目的还包括收集海平面的实时数据

参加者：世界气象组织下设的海洋学和海洋气象学联合技术委员会，政府间海洋学委员会相关成员

全球海平面观测计划是政府间海洋学委员会开展活动较多的一项全球性计划，英国的普利茅斯海平面常设局负责监测网资料的汇总和处理。从1985年起，该计划每年为发展中国家举办一期培训班，向发展中国家赠送验潮仪，以提高该计划的全球普遍性。

中国自1985年参加该计划，定期报送有关潮汐站月平均值资料，同时获得了部分全球的海平面资料，为进行海平面变化研究提供了极有价值的服务。

全球海平面观测系统的组成部分有：全球核心网络，包括世界范围内的290个海平面观测站；长期趋势观测站群，以便监控全球海平面的长期变化与增加趋势；高度校准观测站群，由设在岛屿上的观测站组成；大洋环流观测站群，由设在极地地区的观测站组成。

全球海洋通量联合研究计划

名称： 全球海洋通量联合研究计划

时间： 1990～2000年

性质： 国际科学理事会于1986年组织、以研究全球变化为目的的国际地圈生物圈计划中的8个核心研究计划之一，是一项多学科的国际合作海洋科学研究活动

目标： 从全球尺度，对海洋中的碳及有关生物成因元素的通量变化控制过程进行研究和了解，估计其与海底、陆地和大气三者之间的交换以及海洋吸收、储存和转移大气中二氧化碳的能力，对大气中二氧化碳含量的发展趋势进行预测等

参加者： 20多个国家和地区

主要成果：

为解释控制全球海洋中各个部分的碳循环机理，进行了若干研究。

通过海洋调查船和遥感技术的有效运用，对大尺度全球断面情况进行了调查，并在关键地点进行了长时间序列观测计划的开展，以利于生物地球化学过程变动基本描述的改进。

进行了模式研究，对关键过程和变量进行有效识别，在盆地尺度或全球尺度研究中引入观测得到的相关参数，并对海洋未来状况进行了预测。

采集大陆架沉积物和深水中的地球化学样品，对以往的气候记录进行了研究。

国际数据档案得以建立。

中国于1987年加入全球海洋通量联合研究计划，是最早介入该计划活动的国家之一，并于1989年2月成立了全球海洋通量联合研究计划中国委员会。通过现场考察，中国获得了第一份比较理想的有关海洋通量的基础科学资料，建立了一批用于海洋通量研究的新分析方法和手段，还自行研制了海洋光谱辐照度仪、海水光谱透射率仪等设备。

全球海洋生物普查
——历史上首次较全面的海洋生物普查

名称：全球海洋生物普查

时间：2001～2010年

性质：由设在美国首都华盛顿的海洋规划联合会负责协调、国际科学指导委员会负责管理的一项全球性的海洋科研合作项目

目标：了解地球上从未探索过的环境中的生物形态

参加者：来自80多个国家和地区的670个研究机构的2 700多名科研人员参加普查，动用了全世界一半的大型考察船和潜水器，远航次数超过540次，在海上度过的总时间超过9 000天

主要成果为：

发现的新物种数量达6 000多种，这些物种中有1 200种已被认知或者被命名，但也有约5 000种新发现的物种需要命名，在新发现的这些物种中主要的种类是软体动物和甲壳类动物。发现一些被认为稀有的物种实际上很普遍。不过，普查也发现，一些海洋物种群体正逐步缩小，甚至濒临灭绝。例如，由于过度捕捞，鲨鱼、金枪鱼、海龟等物种在过去10年间数量锐减，部分物种的数量甚至减少了90%～95%。

迄今为止最为全面的海洋生物"全景图"得以呈现，世界上最大的海洋生物信息库也得以建立。此次普查结果显示，全部的海洋生物物种数量有约100万种，而已被人类命名或者认知的仅有约25万种。

世界上最大、最全面的海洋研究数据库"海洋生物地理信息系统"得以建立。它整合了全世界超过800多个海洋数据库的内容，有超过2 800万条与海洋生物有关的观察记录，该记录还在以每年新增500万条的速度增长。

发现了很多新奇有趣的海洋物种，如1条长1米、寿命约600年的管虫，1条以时速110千米在水中穿行的旗鱼等。

科研人员将这次普查结果编写成了3本汇集普查结果的大部头著作，绘制了全球海洋生物分布图和1份相对简明的海洋生物普查报告。10年间，研究人员共发表学术文章2 600多篇，平均每1.5天就能发表一篇学术文章。

中国积极参加全球海洋生物普查并提供了中国的海洋生物数据，系统地整理和鉴定了过去数十年收藏的海洋生物标本和相关记录，并发表了许多论文，出版了一些专著。

全球海洋生物普查中发现了很多新物种。

左下图中的海洋蜗牛堪称“独一无二”的海洋蜗牛，被发现于日本海岸附近的海底火山，外壳覆盖一排排细细的毛发。通过生活在其鳃下的共生细菌，科学家部分了解了这种蜗牛的饮食习惯。

中下图中的这个像虾一样的微小生物是一只有“育儿袋”的原足目动物，被发现于澳大利亚的大堡礁，是海洋生物普查发现的诸多栖息于珊瑚礁的新物种之一。据海洋生物学家科诺尔顿介绍，这种原足目动物体长不超过1.3厘米，具有像袋鼠一样的“育儿袋”，相比于相对出名的鱼类和珊瑚，它是未被研究过的诸多“奇异小生物”之一。她说：“发现新的物种并不意外，据说90%栖息于珊瑚礁的生物都没有名字。”

右下图中的这只捕虫草海葵被发现于墨西哥湾，它美得令人吃惊同时又具有致命性。它会利用触须阵列刺杀猎物，是海洋地区因人类活动而面临威胁最大的动物之一。

新中国首次大规模海洋综合调查

名称： 新中国首次大规模海洋综合调查

时间： 1958年9月～1960年6月

目的： 为巩固国防和加强海上交通建设提供所需的基础资料；建立渔情预报和海洋水文气象预报系统；制订出与海洋资源开发有关的方案

起因： 贯彻落实"国家12年科学发展远景规划"中的"中国海的综合调查及其开发方案"

参加者： 中国人民解放军海军、中国科学院、水产部、交通部、山东大学等60多个单位，科技人员600多人，船只50多艘

↑ 海洋调查

黄海、渤海调查队和东海调查队的船只于1958年9月15日分别从青岛和上海起航，新中国首次大规模海洋综合调查由此开始。本次海洋综合调查影响深远，意义重大，为中国的海洋事业添上了浓墨重彩的一笔。

主要成果：

获得了中国近海各海区的海洋物理、化学、地质、生物、气象的时空变化基本资料及其分布变化规律。

开启了此后一系列的海洋调查，如近海标准断面调查。

加强了中国的海洋生物学研究，同时促生了海洋科学各分支学科如物理海洋学等的建立，对中国完整的海洋科学学科的发展起到了很大的促进作用。

促生了中国众多重要海洋机构的建立，如国家海洋局、中国科学院海洋研究所、中国科学院南海海洋研究所和山东海洋学院（现中国海洋大学）。

使中国国家科委认为需要有一个与海洋发展有关的规划，并于1962年委托曾呈奎主持编写了《1963～1972年海洋发展规划》。

无论是调查规模、力度，还是取得的成果，都称得上是新中国成立以来最大的一次全国海洋普查，为中国的海洋事业锻炼和培养了大批海洋科技人才，积累了丰富的经验，成为中国近海海洋调查发展史上的里程碑。

↑海底

Link

新中国首次大规模海洋综合调查分渤黄海、东海和南海3个海区进行，共设83条断面，570个大面观测站。对整个海区进行每月一次的调查；对底质、底栖生物和悬浮体进行了每季一次的调查。这次调查共获得各种资料报表和原始记录92 000多份，1万多份样品和标本，7万多幅图表。1964年，中国国家科委海洋组办公室在对所获得的资料进行系统整理的基础上，出版了《全国海洋综合调查图集》(14册)、《全国海洋综合调查资料》(10册)和《全国海洋综合调查报告》(10册)。这些是新中国成立之后首次系统整理、编绘并出版的海洋环境图集和海洋调查资料汇编。

中国海岸带和海涂资源综合调查
——中国首次大规模海岸带普查

名称：中国海岸带和海涂资源综合调查

时间：1980～1987年

目标：系统掌握中国海岸带和海涂的自然环境和社会经济状况等基本资料，初步查清海岸带和海涂资源的数量和质量，研究海岸带开发利用的优势、潜力和制约因素，提出开发利用设想，为海岸带的发展规划、工农业生产、国防建设、环境保护、国土整治和海岸带管理提供科学依据

参加者：中央和省市有关部门、院校、部队等500多个单位，科技人员15 000多人

主要成果：

范围之广、内容之多、时间之长，在中国是空前的，在世界上也是罕见的。

取得了大量的第一手资料，初步摸清了中国近海海洋的环境状况以及海岸带和海涂资源的数量、质量与社会经济条件等，为海岸带和近岸水域的开发利用提供了大量水文、气象、化学与生物等基础资料。

提高了人们对海岸带开发利用的认识，为经济建设提供了科学依据，为各种规划提供了基础资料。

取得了显著的经济效益，如对虾、罗非鱼养殖区遍及南北方的海涂，渤海湾等地的放流养殖试验等，都取得了较好效果。

这次综合调查的范围从海岸线向陆侧延伸10千米，向海侧延伸至10～15米等深线；北起鸭绿江口、南至北仑河口，长达18 000多千米、面积约35万平方千米；横跨热带、亚热带、温带3个气候带，穿越4个海区；内容涉及海岸带气候、水文、地质、地貌、社会经济等诸多方面。共完成《调查资料汇编》130卷、共计3 956册、约3.66亿字符，编绘各类成果图和资源图共21种、1 218幅，编写各种专业报告150多卷。

中国海岛资源综合调查

——中国首次全国性大规模海岛资源调查

名称：中国海岛资源综合调查

时间：1988年1月～1995年12月

目标：科学地开发利用海岛资源，保护海岛，建设海岛，促进沿海地区海洋经济发展

参加者：国家海洋局、国家科委、国家计委、农牧渔业部和沿海14个省、市、自治区100多个单位，科技人员13 400多人

主要成果：

填补了过去海岛调查的空白区域，极大改变了海岛资源综合调查和海岛资料的滞后状态。

查清了中国海岛资源的基本情况，对海岛的开发与管理乃至国防建设具有重要的战略意义，为海岛资源的开发利用、管理和保护提供了科学的决策依据。

建立了6个国家级开发试验区和一批省市级开发试验区，使海岛的开发试验工作取得了很好的经济效益，对海岛的开发建设起到了示范和促进作用。

使人们深切认识到，中国拥有的近7 000个海岛是中华民族不可估量的财富，合理开发、利用、保护好这些海岛，对于推动中国沿海和海岛经济发展以及在外交、国防等方面都具有重大意义。

↑海岛风光

这次调查先后完成了海上和陆上观测断面共3 545条，观测站（点）45 677个，航程686 600多千米，调查面积约20万平方千米；调查内容包括气候、地质、地貌、土壤、植被、林业、生物、水文、海水化学、环境质量、土地利用、社会经济和海岛量算等；共获得各类原始数据1 841万个，各种标本88万个；基本查清了中国海岛的数量以及它们的面积、位置、海岸线长度、岛区海洋环境和气候情况；编写出版了各种调查报告、专业报告约54万字，资料汇编2 500余册，档案上万卷等。

中国极地考察

南极考察

“中国人应该去南极，研究南极。”中国著名科学家、教育家竺可桢曾这样说。

1980年1月，中国派两名科学家赴澳大利亚的南极凯西站考察，为中国的南极考察打了前站。

1984年，中国首次派出由南大洋考察队、南极洲考察队、“向阳红10”号远洋科学调查船和“J121”号打捞救生船组成的南极考察编队，进行考察活动，航程26 433.7海里，历时142天。

1985年2月20日，中国在南极洲南设得兰群岛的乔治王岛建立了第一个南极科考基地——中国南极长城站，为常年（越冬）站。1989年2月26日中国又在东南极大陆普里兹湾边的拉斯曼丘陵建立了中国南极中山站，到1992年中国先后9次开展南极科学考察活动。此后基本上每年一次。2009年1月27日又建立了中国南极昆仑站，这也是中国首个南极内陆考察站。

↑冰上作业

2010年11月11日，中国南极考察队赴南极进行第27次南极科学考察，此行完成了中山站改造项目收尾工作。本次南极考察队乘“雪龙”号科学考察船，从深圳市盐田港起航赴南极考察，这也是“雪龙”号第一次从上海以外的城市起程远征南极，并将镌刻有胡锦涛总书记题写的“中国南极昆仑站”玉碑运往南极内陆冰盖最高点冰穹A地区，在昆仑站永久矗立。

北极考察

1995年，赵进平等7名中国科学家第一次对北极点进行了徒步考察，为中国以后的北极科考铺平了道路。

1999年7月1日，中国北极科考队乘“雪龙”号从上海出发，对北极进行首次大规模科学考察。“雪龙”号历时71天，安全航行14 180海里，航时1 238小时，于1999年9月9日抵达上海港新华码头，圆满完成了科学考察任务，获得了大批极其珍贵的样品、数据和资料。其中，包括北冰洋3 000米深海底的沉积物和3 100米高空大气探测资源数据及样品；最大水深达3 950米的水文综合数据；5.19米长的沉积物岩芯以及大量的冰芯、表层雪样、浮游生物、海水样品等。这次北极考察还有一些新发现，如发现北极上空蒙着一层厚厚的“棉被”——逆温层，而且远比原来想象的要厚，同时发现了该逆温层的屏障作用，为全面了解北极作出了贡献。

2003年和2008年中国又对北极进行了科学考察。

2010年7月1日，中国第四次北极科考队乘坐“雪龙”号开始了为期85天的科考之旅，这也是历次北极考察中时间最长、人数最多的一次。此次考察是以北极海冰快速变化与海洋生态系统响应研究为主题的一次北极地区多学科的综合考察，由来自20多个单位的科研人员、后勤保障人员、媒体记者、“雪龙”号船员组成，同时邀请来自美国、法国、芬兰、爱沙尼亚、韩国的7名科学家参加，共计122人。

在第四次北极科考中，中国考察队依靠自己的力量到达北极点， 实现了历史性突破；首次在北极点冰面上布放了冰浮标，发射了抛弃式温盐深剖面探测仪；首次获得2.5米长的北极点冰芯；首次在白令海海盆3 742米水深处完成24小时连续站位海洋学观测；首次将中国海洋考察站延伸到北冰洋高纬度的深海平原，并获得全航程关于大气物理、大气化学观测的宝贵资料。

此次科考是中国历次北极科考中获取样品量最多的一次。共获取海洋浮游动植物、微生物、底栖生物等样品1 077份，叶绿素和浮游植物样品共2 400多份。

“雪龙”号科学考察船破冰

中国环球大洋科学考察

首次环球大洋科学考察

带着梦想　跨越大洋

2005年4月2日，“大洋一号”科考船从青岛起航，开始了实现中国人“进军三大洋”夙愿的航程。30名远洋船员和42名科考人员首次横跨太平洋、大西洋、印度洋，进行环球科学考察。

肩负重托　创下纪录

首次环球大洋科学考察创造了中国大洋科考的15项纪录，其中：

历时297天，为中国海洋科学考察史上科考时间之最；

在三大洋进行环球科学考察，是中国大洋协会成立15年来海洋考察范围之最；

航程 43 230 海里，相当于绕赤道两周多，是考察里程之最；

获取了三大洋大量的硫化物、玄武岩、辉橄岩等，是获取考察样品数量、种类之最；

观察到具有热液喷口明显特征的海虾、海葵、管状蠕虫等，是获取在极端环境下生物样品种类之最；

发现热液喷口浊度异常，同时观察到具有热液喷口明显特征的生物景观，是中国海洋科学发现之最；

所有考察项目均超额完成，是完成考察工作量之最。

完成使命　胜利凯旋

2006年1月22日，在历时297天，出色完成了地质、地球物理、地球化学、水文、生物等多学科的综合考察和国际大洋科技交流的光荣任务后，“大洋一号”返回青岛。

↑“大洋一号”科考船

通过在三大洋实施现场调查，实现了中国在国际海底区域工作由单一的太平洋考察区域向三大洋的扩展，实现了由单一的多金属结核资源调查向多种资源综合调查的转变，拓展了中国在国际海底区域中的活动空间。

各项考察工作进展顺利，对西、中太平洋海山区的富钴结壳，三大洋中脊上几个关键热液活动区的海底硫化物系统及其周边极端生命现象的考察均有新的发现，并首次依靠自己的力量取得了大量宝贵的资料和样品。

顺利完成了对中国自主研制的深海装备的现场试验和验收，标志着中国远洋科考开始与国际水平接轨。

标志着中国海上科研能力的提升，中国海洋事业不断发展壮大，在中国大洋科学考察史上具有里程碑意义。

第二次环球大洋科学考察

再接再厉　二次出征

2009年7月18日，“大洋一号”从广州起航，开始了中国在更新意义上对太平洋、大西洋、印度洋进行科学发现和研究的旅程。

任务艰巨　刷新纪录

跨越三大洋，历时315天，创造新的科考时间之最。

航程53 300海里，创造新的科考里程之最。

不辱使命　再创辉煌

2010年5月28日，“大洋一号”科考船顺利返回青岛，标志着中国第二次环球大洋科学考察圆满成功。

新发现了5个海底热液区，使中国多金属硫化物的发现拓展到三大洋；这样，中国已在三大洋发现了17个海底热液区。

中国自主研制的海底地震、深海声学探测系统等高技术装备首次投入使用并全部获得成功；在太平洋，“大洋一号”首次使用取样型水下机器人——“海龙2”号，观察到大量“黑烟囱”并成功采到烟囱体样品。

↑海底“黑烟囱”

读完本书，你是否对海洋科学有了一定的了解？是否还在惊叹海洋科教机构所取得的成果？是否由衷地敬佩那些为海洋事业奋斗终身的科学家？是否仍沉浸在海洋科考活动带来的惊喜中呢？

浩瀚的海洋仍有大量未解之谜，海洋承载着人类的未来。21世纪是海洋世纪，开发海洋，保护海洋，需要全人类的共同努力。亲爱的朋友，期待着你成为海洋科教队伍中的一员……

致　谢

本书在编创过程中，德国魏格纳极地与海洋研究所、德国不来梅大学、澳大利亚海洋科学研究所、纽芬兰大学、中国国家海洋局下属研究机构、中国科学院海洋研究所、中国水产科学研究院、大连理工大学、厦门大学，同济大学的汪品先院士，中国海洋大学的文圣常、管华诗、冯士筰、赫羽、万荣、杨桂朋、魏军、孙立新、刘邦华、王水清、黄菲、孟祥凤、刘岳、王昕彦、郭春成、李金蓉等同志在资料图片方面给予了大力支持，在此表示衷心的感谢！书中参考使用的部分文字和图片，由于权源不详，无法与著作权人一一取得联系，未能及时支付稿酬，在此表示由衷的歉意。请有关著作权人与我社联系。

联 系 人：徐永成

联系电话：0086-532-82032643

E-mail: cbsbgs@ouc.edu.cn

图书在版编目（CIP）数据

海洋科教/世青，李旭奎主编．—青岛：中国海洋大学出版社，2011.5

（畅游海洋科普丛书/吴德星总主编）

ISBN 978-7-81125-684-0

Ⅰ.①海…　Ⅱ.①世…　②李…　Ⅲ.①海洋学-青年读物　②海洋学-少年读物

Ⅳ.①P7-49

中国版本图书馆CIP数据核字（2011）第058401号

海洋科教

出 版 人　杨立敏

出版发行　中国海洋大学出版社有限公司

社　　址　青岛市香港东路23号

网　　址　http://www.ouc-press.com

邮政编码　266071

责任编辑　滕俊平　电话　0532-85902342

电子信箱　junpingteng@yahoo.com.cn

印　　制　青岛海蓝印刷有限责任公司

订购电话　0532-82032573（传真）

版　　次　2011年5月第1版

印　　次　2011年5月第1次印刷

成品尺寸　185mm×225mm

印　　张　95

字　　数　800千字

定　　价　398.00元

畅游海洋科普丛书
GUIDEBOOKS TO THE OCEAN
畅游海洋
科普丛书

Hello Ocean
初识海洋
最值得珍藏的海洋科普丛书

Fantastic Islands
奇异海岛
最值得珍藏的海洋科普丛书

Amazing Marine Life
海洋生物
最值得珍藏的海洋科普丛书

Expedition &
航海探险
最值得珍藏的海洋科普丛书

Breathtaking Polar Regions
壮美极地
最值得珍藏的海洋科普丛书

Great Sea Battles
海战风云

Probing into Ocean Depths
探秘海底
最值得珍藏的海洋科普丛书

Pleasant Tour of Ships
船舶胜览

Charming Ports
魅力港城

Education
海洋科教
最值得珍藏的海洋科普丛书